Carolina F.M. Santos
Jéssica K.S. Pachú
José B. Malaquias

Plantas insecticidas y agro-homeopatía

Carolina F.M. Santos
Jéssica K.S. Pachú
José B. Malaquias

Plantas insecticidas y agro-homeopatía

herramientas para el manejo de plagas

Editorial Académica Española

Imprint

Any brand names and product names mentioned in this book are subject to trademark, brand or patent protection and are trademarks or registered trademarks of their respective holders. The use of brand names, product names, common names, trade names, product descriptions etc. even without a particular marking in this work is in no way to be construed to mean that such names may be regarded as unrestricted in respect of trademark and brand protection legislation and could thus be used by anyone.

Cover image: www.ingimage.com

Publisher:
Editorial Académica Española
is a trademark of
International Book Market Service Ltd., member of OmniScriptum Publishing Group
17 Meldrum Street, Beau Bassin 71504, Mauritius
Printed at: see last page
ISBN: 978-620-3-03889-7

PLANTAS INSECTICIDAS Y AGRO-HOMEOPATÍA: HERRAMIENTAS PARA EL MANEJO DE PLAGAS

Carolina Francine Mariano Santos [1]
Jéssica Karina da Silva Pachú [2]
José Bruno Malaquias [3]

Mayerli Tatiana Borbón Cortés

(Traductora)

[1] Investigador en UNESP.
[2] Investigador posdoctoral en Bioestadística en IBB-UNESP, malaquias.josebruno@gmail.com;
[3] Estudiante de Doctorado en Entomología en la Universidad de São Paulo, campus ESALQ jessikapachu@gmail.com.

índice

PRESENTACIÓN

Plantas insecticidas y preparados homeopáticos, como aquellos obtenidos a partir de semillas secas de la planta *Delphinium staphisagria* L. (Ranunculaceae), las cuales contienen alcaloides tóxicos, han recibido relevante atención de la comunidad científica y de productores, especialmente con respecto al control de áfidos. Sin embargo, es importante exponer informaciones que puedan respaldar la implementación de esa molécula dentro de un programa de manejo de plagas con bases ecológicas. Ante ese escenario, la presente publicación tiene como objetivo reportar el potencial de plantas insecticidas y de la agro-Homeopatía para el control ecológico de plagas y sus potenciales efectos en organismos benéficos.

CONSIDERACIONES SOBRE LA HOMEOPATÍA

Brasil se ha destacado en el transcurso de los años como uno de los países con mayor producción agrícola y consecuentemente la demanda de insecticidas sintéticos utilizados para controlar insectos plaga también ha aumentado. En contrapartida, la preferencia de los consumidores por productos sin residuos químicos (residuos de insecticidas sintéticos) se ha venido destacando. En ese contexto, el sistema de producción convencional está perdiendo espacio con respecto a los sistemas alternativos de producción. Con la implementación de los sistemas alternativos de producción se reducen los riesgos de polución e intoxicación de los agricultores y de los consumidores, siendo entonces la agricultura orgánica y/o alternativa una posibilidad para disminuir el uso de insecticidas sintéticos en la producción agrícola.

Con el advenimiento de la modernización en la agricultura, los agroecosistemas atravesaron por una secuencia de perturbaciones marcadas por la adopción de prácticas pautadas por el monocultivo, como la utilización de insumos externos como los fertilizantes químicos y agrotóxicos, así como la elevada mecanización. A pesar de haber impulsado la productividad, esas prácticas desencadenaron una serie de problemas que influyen en las dinámicas ecológicas y favorecen especies fitófagas, que muchas veces encuentran en el monocultivo gran disponibilidad de recursos alimenticios y pocos o ningún enemigo natural capaz de ejercer control sobre la población. Esas condiciones conducen a un aumento poblacional de esas especies fitófagas y contribuyen para que sean caracterizados como plagas (SUJII *et al.*, 2010).

El control de plagas exclusivamente mediante el uso de agrotóxicos pierde su eficacia con el riesgo de la selección de resistencia y la reducción de las poblaciones de los enemigos naturales, así como también por los demás impactos socioambientales derivados de la aplicación de pesticidas químicos (GLIESSMAN, 2007). En ese contexto, las estrategias alternativas de manejo se hacen muy necesarias. El control alternativo de plagas puede constituir una práctica extremadamente importante para escenarios de esta naturaleza, ante su evidente potencial para la contención de plagas mediante el uso de depredadores, parasitoides o patógenos que ha resultado ser bastante satisfactorio.

El empleo de enemigos naturales en los agroecosistemas no representa una novedad en el manejo de plagas e incluso precedió el uso de xenobióticos (PRIMAVESI, 2016). Existen evidencias del uso de hormigas depredadoras *Oecophylla smaragdina* Fabricius (Hymenoptera: Formicidae) para reprimir poblaciones de lepidópteros y coleoptéros en el siglo III a.C., en China. En 1888, California importaba de Australia la mariquita *Rodolia cardinalis* Mulsant (Coleoptera: Coccinellidae) para combatir infestaciones de *Icerya purchasi* Maskell (Hemiptera: Monophlebidae) en cítricos, siendo este caso considerado como el primer programa exitoso del control biológico clásico (PRIMAVESI, 2016).

El control biológico constituye una herramienta del control fitosanitario que puede estar asociada con otros métodos y aplicaciones, integrando así un conjunto de tecnologías al cual se le da el nombre de Manejo Integrado de Plagas (MIP). Con esas acciones se busca considerar medidas efectivas y al mismo tiempo ecológicamente viables y sostenibles para controlar especies que causan perjuicios en cultivos agrícolas, a partir de la aplicación de más de un método concomitantemente vislumbrando garantizar la productividad del sistema con el mínimo impacto posible (PRIMAVESI, 2016).

El uso de insecticidas botánicos como método alternativo o complementario para el manejo de plagas fue documentado por Isman (2006), quien ha indicado su uso como insecticida o repelente. Sin embargo, hay una demanda significativa por estudios que sean capaces de demostrar experimentalmente la eficacia de esos productos, sobre todo en el contexto del manejo de plagas en la agricultura brasileña. Actualmente, los estudios realizados han indicado mayor uso en el contexto de insectos de importancia médica y veterinaria (WYNN & FOLGERE, 2006), siendo inexistentes estudios sistemáticos sobre la utilización de plantas en el contexto más amplio, como por ejemplo, la agricultura. Los agro-homeopáticos con efecto insecticida son productos con alto potencial para su uso como herramientas de impulsión de la sostenibilidad de sistemas agroecológicos en países de clima tropical (ROSSI *et al.,* 2007a). La extracción de productos homeopáticos para esta finalidad ha sido realizada a partir de plantas, dentro de las que se destaca *Delphinium staphisagria*, especie conocida popularmente por albarraz o estafiságria, perteneciente a la familia Ranunculaceae. El producto es obtenido a partir de las semillas secas de esa planta, la cual contiene alcaloides tóxicos. *Delphinium staphisagria* fue utilizado en la formulación de preparados homeopáticos con efecto insecticida documentado por Davidson (1929), quien constató su potencial en el control de áfidos, entre otros artrópodos.

Los sistemas alternativos de producción se caracterizan principalmente por no emplear insecticidas sintéticos y fertilizantes químicos, en su lugar utilizan tecnologías que respetan los principios ecológicos, primando la preservación de los espacios naturales y la conservación de la biodiversidad. En esos sistemas, así como en otros, es muy común la presencia de plagas y enfermedades en los cultivos, siendo necesario el uso de productos naturales y/o alternativos, como los productos homeopáticos (LUCKMANN, 2013).

La Ciencia Homeopática nació en 1796 después de la publicación del artículo científico denominado: "Ensayo para descubrir las virtudes curativas de las sustancias medicinales, seguido de algunos comentarios sobre los principios curativos admitidos hasta nuestros días" (FHB, 2011). Es una palabra de origen griego que quiere decir "enfermedad semejante" (*homoios* = semejante y *pathos* = sufrimiento, enfermedad) (ROSSI *et al.*, 2007).

Se trata de un método científico para el tratamiento y la prevención de enfermedades agudas y crónicas, donde la cura se da a través de medicamentos no agresivos que estimulan la reacción del organismo, fortaleciendo sus mecanismos naturales de defensa. Por tanto, constituye una técnica medicinal alternativa que contempla la totalidad del ser humano, plantas y/o animales en detrimento de enfermedades aisladas. Actúa por medio de estímulos energéticos desencadenados por medicamentos homeopáticos con el propósito de reequilibrar la energía vital de los pacientes.

La Homeopatía tiene su origen hace centenas de años, después del filósofo Hipócrates en la Europa del siglo XVI. Teophrastus Bombastus Von Hoheinheim también conocido como Paracelso, restituyó los méritos del tratamiento de los semejantes por los semejantes. Solo a fines del siglo XVIII esa especialización médica fue estudiada más detalladamente por un médico alemán, Samuel Hahnemann, lo cual era sumamente raro en esa época, y sin embargo, él mismo lo formalizó en un verdadero sistema de medicina.

A partir de 1970 y 1980 diversos estudios fueron realizados por investigadores de varios países, tales como Alemania, Italia, Suiza, Inglaterra, Escocia, Sur África, Cuba y México. En Brasil, los primeros trabajos fueron desarrollados en la Universidad Federal de Viçosa, bajo la supervisión del Profesor Dr. Vicente Wagner Dias Casali, a partir de 1998.

Conceptualmente, Barbosa (2006) propone que el médico homeópata busca, además de alteraciones físicas del enfermo, otras señales y síntomas que caractericen aquel individuo en su totalidad de modo que desde las partes (síntomas) se llegue al todo (el enfermo); este raciocinio busca procedimientos homeopáticos que no solo traten la enfermedad, y si al enfermo principalmente y con eso es posible encontrar los medicamentos más semejantes para alcanzar la cura del ser tratado.

Según la perspectiva de Hamly (1982), la Homeopatía es una concepción comprensiva de la enfermedad, que le permite al médico homeópata tratar a sus pacientes sobre la expectativa de poder curar muchos procesos comunes y supuestamente incurables, de una forma menos peligrosa que la usada por las escuelas convencionales.

De acuerdo con Reinhart (1993), en la Homeopatía aun no hay estudios que confirmen efectos colaterales como se evidencia en casi todos los tratamientos con medicamentos alopáticos. Como la Homeopatía no presenta tales efectos negativos, la misma puede ser aplicada para determinados propósitos homeópatas. La ciencia de la Homeopatía se basa en la observación, experimentación y en el reconocimiento y respeto por las leyes de la vida. Los principios de la Homeopatía se aplican a cualquier nivel de complejidad (SOUZA & RESENDE, 2011).

Según Araújo (1999), la Homeopatía devuelve el ambiente sin residuos, propiciando el desarrollo natural de los insectos y microorganismos, que son responsables por la transformación e incorporación de la materia orgánica en el suelo. De esa forma, la Homeopatía contempla el equilibrio de los vegetales, que se constituirán o se transformarán juntamente con los animales que las consumen, resultando en alimentos con mayor calidad para el consumo humano.

Según Rezende (2003), ser homeópata de plantas y animales de cría o suelo, implica tener conocimiento, conciencia, respeto y ética en la acción. Significa respetar la eternidad de los procesos vitales, cualquiera que sea la creencia o inclinación religiosa de su semejante y de las personas que habitan su comunidad. Es necesario que el veterinario haga el trabajo de concienciación de como emplear los tratamientos con la Homeopatía y realizar un mayor seguimiento al enfermo.

Según Schembri (1992), la Homeopatía es la ciencia que trata individuos enfermos (y no las enfermedades) a través de medicamentos preparados en diluciones infinitesimales capaces de producir síntomas en individuos sanos semejantes a los síntomas confirmados en los enfermos, o sea, trata la enfermedad con medicamentos que causan una enfermedad.

La Homeopatía con sus conocimientos y recursos es indicada como la herramienta de transformación de los sistemas vivos enfermos en sistemas vivos saludables, equilibrados y sostenibles. No obstante, el trabajo de ayuda a los Reinos de la naturaleza puede ser asumido por cada uno y en cualquier lugar, ya que inicia en la forma como nos relacionamos con la vida (SOUZA & RESENDE, 2011).

El Reino Vegetal constituye la mayor fuente para la preparación de medicamentos homeopáticos, el vegetal puede ser usado en las diversas fases vegetativas, completo y/o sus partes, tales como: parte subterránea, hoja, flor, corteza, leña, rizoma, fruto y semilla; de los cuales también se utilizan productos de su extracción o transformación: jugo, resina, esencia, etc. (FHB, 2011).

Los bioterápicos o nosodes son productos químicamente no definidos que sirven como materia prima para las preparaciones dinamizadas, pudiendo ser: secreciones, excreciones patológicas o no, productos de origen microbiano, entre otros. Esta técnica de empleo de los preparados dinamizados es conocida como Isopatía (*iso* = igual y *pathos* = sufrimiento, enfermedad). Análogamente, pueden prepararse soluciones homeopáticas con vegetales con el objetivo de equilibrar su desarrollo en el ambiente de cultivo (ROSSI *et al.*, 2007a).

Generalmente las aplicaciones en la agricultura se basan en el principio de la isopatía, ya que no incluye la colección de signos insalubres, necesaria para la práctica homeopática propiamente dicha. Sin embargo, el conocimiento cada vez más amplio de la fisiología vegetal permite describir síntomas y respuestas fisiológicas en las plantas, con cierta similitud de aquellos observados en humanos, y por tanto, se puede pensar en la selección de medicamentos basados en la semejanza sintomática (BONATO, 2007). La aplicación de la Homeopatía en la agricultura es una tecnología de bajísimo costo y de fácil aplicación (ROSSI *et al.*, 2007a). Es una ciencia que se puede aplicar a todos los seres vivos, pretendiendo su equilibrio (ROSSI *et al.*, 2007a).

Dentro de las condiciones ambientales que causan daño a los vegetales están la sequía, inundaciones, temperatura alta o baja, salinidad, deficiencia de minerales en el suelo, exceso o falta de luz y también compuestos fitotóxicos como el O_3 (ozono), que pueden causar daños en los tejidos de las plantas (BONATO, 2007). El autor comenta que la resistencia o sensibilidad al estrés depende de la especie, genotipo y de la edad de desarrollo de las plantas.

Murray (1998) incursiona en otra cuestión, la interacción entre el ambiente biológico interno del animal y el manejo, y su influencia en la salubridad. Él comenta también que el sistema inmune del animal, para resistir a la infección, es afectado por la dieta, estrés, ejercicio, presencia de otras infecciones o daños, condiciones ambientales externas (vigor y competitividad de los microorganismos naturales benéficos existentes) y la genética de los animales.

En general, el estrés dispara una amplia respuesta en las plantas, que va desde la alteración de la expresión génica y del metabolismo celular hasta la alteración de la tasa de crecimiento y de la productividad. Así, las respuestas de las plantas al estrés dependen de la duración, severidad, número de exposiciones y de la combinación de los factores estresantes, así como también del tipo de órgano y tejido, edad de desarrollo y genotipo (BONATO, 2007).

Bonato (2009) propone que los factores bióticos y abióticos provocan desequilibrio en la energía vital, y que al somatizarse resulta en enfermedad para la planta o en un trastorno fisiológico mínimo, pero tal trastorno puede llevar a la planta a la muerte o a reducir su productividad, dependiendo obviamente de la plasticidad biológica de la especie vegetal estudiada. Sin embargo, cuando se aplica un medicamento homeopático capaz de producir los mismos síntomas en la planta, el resultado será la restauración o minimización de los efectos nocivos ocasionados por los factores bióticos y abióticos en la energía vital.

Factores bióticos como plagas y enfermedades también causan estrés en las plantas, siendo uno de los más importantes en la agricultura aquellos causados por organismos fitopatógenos. No obstante, las plantas poseen mecanismos que, dependiendo de la virulencia del patógeno, pueden evitar o disminuir los daños causados por los fitopatógenos, y uno de esos mecanismos es denominado inducción de resistencia (BONATO, 2007).

Como consecuencia ante el estrés, las plantas pueden presentar resistencia o susceptibilidad, lo cual puede repercutir en la sobrevivencia o muerte, respectivamente. Pero, ¿Cuál sería la relación entre los tipos de estrés descritos hasta aquí y los medicamentos homeopáticos propiamente dichos? Como está descrito más adelante, los medicamentos homeopáticos cuando son aplicados de forma racional y oportuna, y principalmente obedeciendo a la Ley de los Semejantes, la sobrevivencia aumenta y la muerte de las plantas disminuye. Antes que nada, es importante comentar que para la ciencia homeopática cualquier trastorno causado en la planta, tanto por factores bióticos como abióticos, primero afecta la energía vital (principio vital, fuerza vital) de la planta. Así, siempre que la planta es sometida a un determinado estrés, rigurosamente está con su energía vital desequilibrada y consecuentemente disonante de su homeostasis natural (BONATO, 2009).

La Ley de los Semejantes consiste en el empleo de una substancia medicinal que tiene la capacidad de producir, en personas sanas, síntomas artificiales y semejantes a los síntomas del enfermo que quiere curarse. El medicamento homeopático debe hacer que el organismo active sus defensas naturales contra los trastornos, actuando en la recuperación de la energía vital del individuo (BITENCOURT & BONATO, 2008).

Es fundamental cuidar del paciente además de la enfermedad ya que es una pieza fundamental. Y así, al tratarlo el paciente se siente mejor y consecuentemente va a recuperarse más rápido y volver a su vida cotidiana o en el caso de las plantas, su ambiente va a mejorar para ella reproducirse y crecer con calidad.

Según Barbosa (2006), el médico convencional busca colectar algunos datos del paciente que indiquen una causa entre las inúmeras posibles. Partiendo del todo (el enfermo) se llega a la parte (la enfermedad). Por otro lado, la Homeopatía parte del enfermo para la enfermedad y solo después busca aplicar los tratamientos adecuados.

La Homeopatía auxilia la medicina tradicional y la misma debe ser realizada, pero sola no recupera el ser como con los tratamientos homeópatas, y por eso a menudo es necesario utilizar medicamentos alotrópicos para que juntos consigan alcanzar la cura total del paciente que se somete a este tratamiento.

La Homeopatía es indicada con frecuencia para problemas de ansiedad/depresión y enfermedades crónicas como: diabetes, hipertensión, artritis, vicios, alergias, tendinitis, gastritis, colitis, obesidad, vasculitis, psoriasis, lupus, tiroiditis, nefritis y varias otras enfermedades crónicas.

La visión de Araújo, defiende que el ambiente se produzca en equilibrio con los otros tratamientos practicados con la Homeopatía, pero es necesario tener cuidado al aplicar estos tratamientos ya que el ambiente necesita de todos los seres que lo habitan y al exterminar alguno de ellos puede quedar en riesgo el ambiente como un todo.

La producción vegetal o animal, haciendo uso de las técnicas de la Homeopatía, alcanzará más ganancia, tanto financiera como ambiental y como productor de búsqueda de este equilibrio debe producir dentro de los límites que la naturaleza y los animales ofrecen para no estancar la producción que los mismos proporcionan al ser humano, y consecutivamente todos salen ganando con estas técnicas, que vienen trayendo grandes beneficios a la salud de los seres y del ambiente en el que residen.

Es un tratamiento alternativo que se da a partir de la dilución y dinamización de la sustancia que provoca enfermedad al individuo saludable, y como es una terapia de bajo costo su uso viene aumentando y trayendo muchos beneficios a la salud de los individuos con una determinada enfermedad. La terapia busca ayudar al paciente a alcanzar una calidad de vida mejor, buscando cuidar del enfermo y no solo de la enfermedad en sí, sino al ser vivo que necesita de cuidados y tratamientos realizados según la capacidad de su organismo.

La Homeopatía busca concentrarse más en el enfermo, brindando condiciones para que él mismo actúe e impida la instalación de enfermedades en su organismo. Como analizó el autor antes mencionado, es necesario interactuar con todo el ambiente que lo circunda para analizar los agentes infecciosos causadores de la enfermedad, intentando tratarlo de forma preventiva.

Finalmente, se puede decir que la utilización de la Homeopatía en la agricultura es dinámica y presenta pruebas de buenos resultados para la salud animal y vegetal, pero el empleo de esta debe estar acompañado de profesionales especializados porque el mal uso puede causar desastres al ambiente.

La Homeopatía por encima de todo es una ciencia que no tiene dueño. Hahnemann dejó el siguiente mensaje: "Si las leyes de la naturaleza que proclamo son verdaderas, entonces ellas pueden ser aplicadas a todos los seres vivos". Entonces, ¿Por qué no podemos utilizarlas para tratar las plantas? Es obvio que podemos, además la Homeopatía es liberadora, torna al agricultor menos esclavo de las empresas, lo que le da más independencia económica. Además, los preparados homeopáticos poseen un costo muy bajo, lo que aumenta el lucro del productor y lo que es más importante, no contamina al ser humano, a los animales, el suelo ni las plantas, respetando la naturaleza.

La denominada Ley de los Semejantes, empleada en la agricultura es ejemplificada con el caso de la larva de la soya (*Anticarsia gemmatalis* Hubner) que es contaminada con el virus *Baculovirus anticarsia*. La pulverización de la larva con el virus en la soya controla la propia larva. Esta es una aplicación práctica de la Ley de lo Semejante. Otro ejemplo sería el uso de la vacuna para la gripa, que usa el mismo virus para combatir la propia gripa.

La Homeopatía puede tratar el ser humano, animales, plantas y el suelo. En la agricultura, puede ser utilizada en el control de plagas, enfermedades, mejorar la productividad de los cultivos y en la defensa natural de las plantas. Trabajos bastante interesantes relacionados con la Homeopatía en vegetales fueron publicados en India. Verma *et al.* (1989) emplearon Lachesis y Chimaphila (C200), objetivando el control del virus del mosaico del tabaco (VMT), el cual reduce progresivamente la productividad de las plantas infectadas. Las soluciones homeopáticas aplicadas antes y después de la incubación del virus disminuyeron 50% del contenido del virus en los discos de las hojas (BONATO, 2009). También puede ser usado en el suelo, con resultado excelentes. Sabemos que el suelo tiene vida, y por ende es un organismo vivo, y el tratamiento con los preparados homeopáticos lo tornan equilibrado, principalmente en suelos intoxicados con agrotóxicos. Siempre debe tenerse en cuenta que el suelo es vivo. Si el suelo está desequilibrado, ¿Cómo estarán las plantas que en él crecen? Lógicamente estarán enfermas, aunque los síntomas no siempre sean visibles.

Así, si tratamos el suelo a partir de los procedimientos homeopáticos, dentro de un manejo racional y/o local, contribuyendo para la mejoría del sistema suelo-planta como un todo, en un equilibrio mayor y mejor, esto puede reflejarse en buena productividad de los cultivos.

La esencia homeopática dice que no hay enfermedades, pero si enfermos. La enfermedad sería una consecuencia del desequilibrio vital del organismo. Si la Homeopatía fuera utilizada obedeciendo sus principios básicos (Ley de los Semejantes), estimularía los sistemas de defensa de los seres vivos. En términos más simples, sería lo siguiente: una planta bien nutrida dentro de un sistema orgánico tendría menos probabilidad de enfermarse o de ser atacada por plagas que, por ejemplo, una planta creciendo en suelos contaminados con gran cantidad de agrotóxicos.

En la agricultura es común, y con excelentes resultados, la aplicación de preparados homeopáticos, hechos con el propio agente causal de la enfermedad o causante del desequilibrio. Esto es lo que llamamos de Nosode o Bioterápico. Son muy utilizados los nosodes de plagas como chinches, larvas, hormigas, escarabajos, etc., y hongos como la antracnosis, roya y virus.

Rossi *et al.* 2004, comenta que es importante destacar las ventajas de los experimentos de la Homeopatía en vegetales: la diversidad es muy grande, o sea, puede trabajarse desde los cultivos perennes como los cítricos, por ejemplo, hasta los cultivos de ciclo muy corto, como el rábano, que a los 28 días ya está para cosechar. Hay facilidad para investigar utilizando semillas y plántulas, lo cual haciendo una analogía, se "asemejaría" a investigaciones con niños. Es posible trabajar con grandes poblaciones, pues no es raro encontrar trabajos en ambientes protegidos con 5 mil individuos o más. En campo, este número podría ser aun mayor, pues existen plantas que se propagan asexualmente, lo que equivale a decir que es simple realizar investigaciones con individuos "clones", genéticamente iguales.

Según Câmara 2010 *apud* Teixeira (1998) y Kent (1996), "el uso de la Homeopatía en la agricultura significa calidad ambiental y seguridad para los trabajadores rurales y consumidores, porque una de sus características es la utilización de concentraciones infinitesimales de materia".

Estudios científicos exponen que hay dos caminos para usar la Homeopatía en la agricultura. El primero ocurre por la aplicación de productos a base de plantas medicinales y de otros materiales, como minerales por ejemplo, con el objetivo de revitalizar las plantas cultivadas, reequilibrarlas y tornarlas suficientemente estructuradas, no solo para desempeñar y exteriorizar todo su potencial genético, pero también para que estén en condiciones de superar los antagonismos ambientales, sean climáticos, fitopatogénicos, nutricionales, fisiológicos o cualquier otro. El segundo es usado cuando ocurren problemas fitosanitarios, por ejemplo, la incidencia de insectos y enfermedades (tanto bacterianas como fúngicas) y se utiliza el propio organismo para controlarlo. En este caso, el producto homeopático es denominado "nosode" y actúa según el principio o concepto de la semejanza de Hahnemann, como citado anteriormente (CÂMARA, 2010).

Rossi *et al.* (2007a), con el objetivo de evaluar la producción de tres cultivares de patata con la aplicación de nueve preparados homeopáticos, verificaron que estos influenciaron la productividad solamente del cultivar Aracy, siendo que el tratamiento con *Helianthus* CH12 fue el que menos produjo y no fue estadísticamente diferente al del alcohol al 30%, y ambos fueron inferiores a todos los demás tratamientos.

En el estudio de Rossi *et al.* (2007a), sobre el efecto del preparado homeopático para el control del coquito (*Cyperus rotundus* L.), la sucesión y la diversificación de especies, encontraron que los resultados iniciales indicaron disminución de aproximadamente 35% de masa seca del coquito con las menores dosis (50 y 500 g/ha) del producto homeopático aplicadas.

Para Arenales (2000) la Homeopatía proporciona al productor un aumento de sus lucros debido al aumento de la producción y a la disminución de sus gastos. Y, según Reinhart (1993) la Homeopatía viene siendo empleada con éxito en la producción animal en varios países y se exhibe como una terapia adecuada, ya que no deja residuos en los alimentos.

AGRO-HOMEOPATÍA

Con base en el uso de ultradiluciones dinámicas y experimentos en individuos sanos, la Homeopatía se configura como un método de tratamiento y cura, basada en fundamentos definidos por Hahnemann. A pesar de haberse fundamentado como alternativa a la medicina, es aplicable a todos los seres vivos, representando una posibilidad en el manejo fitosanitario de los agroecosistemas, opuesto al modelo agrícola convencional, el cual sufre recurrentes problemas debido a su alto impacto ecosistémico (BETTI *et al*, 2006; CROWDER *et al.*, 2010). Así, la Agro-Homeopatía corresponde a la rama de la Homeopatía que se dedica a estudiar los efectos de productos ultradiluidos y dinámicos de origen mineral, vegetal o animal en especies de importancia agrícola, debido a su potencial como herramienta para promover la sostenibilidad de sistemas agroecológicos en países de clima tropical (ROSSI *et al.*, 2007).

En Brasil, las preparaciones homeopáticas son reconocidas como insumo agropecuario a través de la Instrucción Normativa N° 7, en la cual están establecidas las normas de producción nacional de orgánicos (BRASIL, 1999). Para su efectividad en el contexto brasileño, se hace necesario el desarrollo de investigaciones con agro-homeopáticos a partir de la demanda nacional, considerando que los estudios con esos productos aun son escasos y que no existe Materia Médica homeopática específica para plantas, lo cual representaría una importante recopilación de informaciones e instrucciones en lo que respecta a su uso en diferentes especies y propósitos (BRUNINI; SAMPAIO, 1993; FONSECA, 2002; TEIXEIRA; CARNEIRO, 2017).

A mediados de 1920, después del reconocimiento internacional de la Agricultura Biodinámica, fundamentada en los principios de la Homeopatía, las primeras investigaciones con agro-homeopáticos comenzaron a ser publicadas (LOOS, 2006). El primer estudio que demostró la acción insecticida de Staphisagria con la potencia CH 6 (centesimal hahnnemaniana) en áfidos fue documentado por Davidson (1929), y la primera revisión de literatura sobre el tema fue publicada en 1984, en la que se plantearon las principales fallas metodológicas en las investigaciones publicadas hasta ese momento, como la ausencia de detalles de los métodos y la falta de análisis estadísticos que corroboraran los resultados (SCOFIELD, 1984). A partir de esa publicación, el rigor científico en investigaciones con homeopáticos aumentó, así como la cantidad de publicaciones en las que fueron evaluados productos de diferentes orígenes aplicados en plantas afectadas por problemas fitopatológicos, plagas y deficiencias nutricionales, además de individuos sanos, respetando uno de los principios fundamentales de la Homeopatía (TEIXEIRA; CARNEIRO, 2017).

De acuerdo con la revisión de literatura realizada por Teixeira y Carneiro (2017), entre los 48 estudios evaluados con MIS ≥ 5 (índice de calidad metodológica), publicados entre 1979 y 2015, 29 estudios obtuvieron resultados significativos en comparación con el control. De los trabajos documentados, 23 correspondieron a ensayos con trigo, 29 fueron realizados en individuos sanos, 13 en plantas con estrés abiótico y 6 de ellos investigaron su influencia en problemas fitopatológicos causados por hongos, nemátodos y virus (TEIXEIRA; CARNEIRO, 2017).

Además, las revisiones de literatura publicadas hasta entonces se propusieron analizar especialmente publicaciones en Agro-Homeopatía de manera general, efectos de agro-homeopáticos en individuos sanos y en plantas con estrés abiótico, quedando un vacío en cuanto a su aplicación como método de manejo fitosanitario, especialmente respecto a la susceptibilidad de las plantas a insectos plaga (JÄGER *et al*, 2011; MAJEWSKY *et al*, 2009; TEIXEIRA; CARNEIRO, 2017). En ese contexto, es evidente la necesidad de que se ejecuten investigaciones con agro-homeopáticos en plantas de importancia agrícola nacional, además de la necesidad de trabajos que pretendan llenar el vacío respecto al potencial insecticida de los preparados homeopáticos, así como sus efectos en organismos no objetivo. A pesar de que los trabajos sobre la influencia de agro-homeopáticos en insectos todavía son incipientes, ya existen estudios con resultados satisfactorios, los cuales abren caminos y posibilidades de investigación en esa área.

Según Brunini y Arenales (1993), el agro-homeopático Staphisagria es capaz de auxiliar satisfactoriamente la contención de áfidos en hortalizas, mejorando su resistencia al ataque de esos insectos.

En la investigación realizada por Mapeli *et al.* (2004), fueron utilizados repollos resistentes y susceptibles, con y sin ataque del áfido *Brevicoryne* brassicae (Hemiptera: Aphididae) para la preparación de agro-homeopáticos de dinamización CH 5: preparados isoterápicos (nosodes hechos con los propios agentes causantes de daños) producidos con pulgones con la dinamización CH 5 y CH 30, así como también los controles con agua sin dinamización y alcohol 70% + agua CH 5. La preparación realizada a partir del cultivar resistente CH 5 presentó reducción en las tasas reproductivas de los pulgones, además de disminuir la tasa de inmigración de individuos alados.

Wyss *et al.* (2010) evaluaron el uso del preparado *Lycopodium clavatum* CH 15 y del nosode del pulgón ceniciento del manzano *Dysaphis plantaginea* (Hemiptera: Aphididae) CH 6, los cuales posibilitaron la reducción del número de descendientes y la consecuente disminución poblacional de la colonia.

Fazolin *et al.* (2000) en el estudio realizado con nosodes a partir del insecto deshojador *Cerotoma tingomarianus* (Coleoptera: Chrysomelidae), importante plaga del cultivo de la judía, reportó que en plantas tratadas con el producto el consumo foliar por parte de individuos de esa especie fue reducido, resultando en la muerte de los insectos causada por inanición.

De acuerdo con Almeida (2003), el agro-homeopático preparado a partir de larvas de *Spodoptera frugiperda* (Lepidoptera: Noctuidae), dinamizado en CH 30 redujo la población del cogollero del maíz en plantas de maíz con cuatro hojas.

Giesel *et al.* (2007) observaron reducción de la tasa de búsqueda de alimento de hormigas cortadoras de hojas *Acromyrmex* spp. sometidas a tratamiento con nosodes de individuos del mismo género en dinamización CH 30. Además, realizaron ensayos con *Belladona* CH 30 y hongos macerados de los hormigueros en la misma dinamización, los cuales no presentaron resultados tan efectivos como los nosodes.

Rupp *et al.* (2012) constataron que en melocotonero atacado por moscas de la fruta *Anastrepha fraterculus* (Diptera: Tephritidae), el agro-homeopático Staphisagria junto con nosodes de las moscas, ambos en dinamización CH 6 y aplicados cada 10 y 5 días, respectivamente, redujeron de forma significativa la incidencia de larvas comparado con el tratamiento control.

Con el objetivo de contener poblaciones de *Thrips tabaci* (Thysanoptera: Thripidae) en cultivos de patata orgánica, Gonçalves *et al.* (2009) notaron que la pulverización de *Calcarea carbonica* CH 6 y CH 30 disminuyó la incidencia de trips.

Rauber *et al.* (2007) evaluaron los efectos de agro-homeopáticos en la productividad y resistencia de diferentes genotipos de patata, y confirmaron que el preparado *Thuya* en la potencia CH 60 influenció positivamente la incidencia de enemigos naturales de plagas en los ensayos realizados en tres genotipos de patata.

Estudios sobre la influencia de agro-homeopáticos y otros insecticidas naturales en los enemigos naturales de insectos de importancia agrícola son especialmente necesarios desde el punto de vista del Manejo Integrado de Plagas (MIP), herramienta del control fitosanitario que asocia diferentes métodos y aplicaciones. El modelo agrícola convencional, basado en monocultivo y en el uso de insumos y defensivos de origen industrial han afectado negativamente las complejas dinámicas ecológicas, como el equilibrio entre presas y depredadores, la riqueza y abundancia de especies y la selección de la resistencia. Ante esa situación, el MIP corresponde a un instrumento relevante para el mantenimiento de sistemas de cultivo orgánico, además investigaciones ya señalan que la implementación de prácticas de agricultura orgánica incide positivamente en la relación entre las plagas y sus enemigos naturales, así como la diversidad de especies, riqueza y sobre todo, en la equidad funcional en las comunidades (CROWDER *et al.*, 2010).

Krauss *et al.* (2011) compararon 15 áreas de triticale orgánico con 15 áreas convencionales, con la finalidad de evaluar la presencia de polinizadores, áfidos y sus depredadores. En las áreas orgánicas observaron veinte veces más riqueza y cien veces más abundancia de especies polinizadoras que las áreas convencionales. En las áreas orgánicas la abundancia de áfidos fue cinco veces menor y la incidencia de enemigos naturales fue tres veces más que en las áreas convencionales.

Jacobsen *et al.* (2019) investigaron la abundancia de la arañita roja *Tetranychus urticae* (Acari: Tetranychidae) y sus depredadores en cultivos de fresa convencional y orgánico, considerando uso de pesticidas naturales y prácticas de agricultura orgánica, como parches de vegetación en el borde de los cultivos.

La abundancia de *T. urticae* en cultivos convencionales fue 10 veces más que en los cultivos orgánicos, mientras que la proporción de ácaros para sus depredadores fue 9,5 veces menos en cultivos orgánicos. Por tanto, se justifica la necesidad de investigación que examine el potencial de agro-homeopáticos para el control de plagas agrícolas, así como también sus efectos en organismos no objetivo como los enemigos naturales de las plagas, con la finalidad de evaluar su aplicabilidad en cultivos orgánicos que utilizan múltiples agentes de control dentro del enfoque del MIP.

ESTUDIO DE CASO CON ÁFIDOS

Dentro de las plagas que atacan el cultivo del algodón en Brasil, los áfidos han merecido destaque. Para controlar esos insectos, generalmente se utiliza un gran número de aplicaciones de insecticidas, promoviendo potenciales daños al medio ambiente y a la salud del agricultor. En virtud de eso, el interés por tecnologías más sostenibles ha aumentado. Considerando que aun son escasos los estudios que se enfocan en el potencial de insecticidas homeopáticos y el impacto de esos productos en la bioecología de insectos plaga, uno de nuestros trabajos determinó las concentraciones letales de Staphysagria CH6 en *Aphis gossypii* y el impacto del producto en la reproducción de ese áfido.

La investigación fue realizada en laboratorio. Posterior a la aplicación tópica del homeopático en los insectos, fueron realizadas evaluaciones diarias para determinar la sobrevivencia. Después de la resurgencia de los insectos sobrevivientes, los áfidos fueron individualizados y fue evaluada la reproducción diaria durante todo el ciclo de vida. El impacto homeopático en la densidad poblacional del pulgón fue evaluado utilizando un modelo de estructura etaria.

Las concentraciones letales CL50, CL90 y CL99 fueron estimadas en: 478, 66413, 133654 ppm. Fueron encontrados efectos negativos de las menores concentraciones del homeopático en los valores de los parámetros de la tabla de vida, como tasa líquida de reproducción, tiempo de duplicación e intervalo medio de generaciones con respecto al control. Además, existen evidencias de efecto de esterilización de los adultos sobrevivientes con las mayores concentraciones. De esa forma, los resultados obtenidos en este trabajo son de suma importancia para subsidiar un programa de manejo sustentable de *A. gossypii*.

EFECTOS EN ENEMIGOS NATURALES

A través de la divulgación de preparados homeopáticos, que posibiliten el control natural de plagas, enfermedades y el equilibrio de los sistemas biológicos, se pretende proponer medios e instrumentos prácticos que contribuyan para la disminución de impactos ambientales causados por el uso de agrotóxicos. La Homeopatía no agrede el medio ambiente y puede contribuir para la sensibilización de los alumnos ante cuestiones ambientales, sea en el crecimiento y/o desarrollo del vegetal, en el control de plagas y enfermedades, mejoría de la productividad de los cultivos y en la defensa natural de las plantas, así como también en todos los demás segmentos de la agricultura, pecuaria, medicina veterinaria y humana.

Con el objetivo de analizar el impacto del insecticida alternativo Staphisagria CH6 sobre el comportamiento de locomoción de la mariquita *Harmonia axyridis*, fue realizada una investigación en laboratorio.

El producto fue aplicado sobre discos de hojas de algodón. Hembras adultas del insecto fueron mantenidas juntamente con una de las hojas en una caja de Petri y fueron monitoreadas con auxilio del equipo Ethovision. Las variables que describieron el desempeño respecto al movimiento del insecto fueron exploradas con el fin de caracterizar el potencial de alteración comportamental causado por Staphisagria CH6 en *H. axyridis*.

Los resultados demostraron que sobre la influencia del agro-homeopático los individuos presentan alteraciones en su patrón de movimiento, exhibiendo mayor velocidad media (cm/s) en el tratamiento con el producto respecto al control. A pesar de eso, la distancia recorrida (cm) se mantuvo superior en el grupo control (sin aplicación del producto). Así, los resultados presentados en este trabajo constituyen indicios preliminares de la aplicabilidad de Staphisagria concomitantemente con la utilización de *H. axyridis* como agente de control biológico.

CONSIDERACIONES SOBRE LA ACTIVIDAD INSECTICIDA DE PLANTAS BIOACTIVAS

Los extractos vegetales son sustancias provenientes del metabolismo secundario de plantas, no son esenciales para la generación de energía para la planta, como las sustancias provenientes del metabolismo primario, como los carbohidratos, lípidos, aminoácidos y nucleótidos. Los metabolitos secundarios actúan como insecticidas, inhibidores de la alimentación y repelentes de insectos (FAZOLIN *et al.* 2002).

Los alcaloides, flavonoides, cumarinas, taninos, quinonas y óleos esenciales son compuestos secundarios y son producidos por las plantas para su sobrevivencia (CASTRO, 2004). Esos compuestos, posterior a su maceración pueden ser extraídos en medio acuoso o a través de solventes orgánicos (WIESBROOK, 2004).

Los metabolitos secundarios de las plantas pueden ser divididos en tres grupos químicamente diferentes: terpenos, compuestos fenólicos y compuestos nitrogenados. Los terpenoides poseen actividades supresoras del desarrollo y apetito de larvas de insectos, además de actuar como agente repelente (JÚNIOR, 2003). Mientras que las saponinas son tóxicas para fitófagos en general (CAVALCANTE *et al.*, 2006).

Los terpenos, piretroides y monoterpenos se destacan como ingredientes utilizados en los insecticidas comerciales, debido a la escasa persistencia, baja toxicidad para los mamíferos y su actividad insecticida (LINCOLN & ZEIGER, 2013).

Los monoterpenos son encontrados en troncos y ramas de coníferas, siendo tóxicos para un gran número de insectos, principalmente para las especies de escarabajo que son insectos plaga de esas plantas. Los compuestos fenólicos actúan en la defensa contra fitófagos y patógenos, entre esos compuestos se encuentran los taninos y los flavonoides. Los taninos pueden reducir el crecimiento y la sobrevivencia de muchos fitófagos, actuando como repelente alimenticio para varios animales. Los flavonoides presentan propriedades anti-alimenticias, esterilizantes (por la inhibición del desarrollo ovárico) e insecticidas (VENZON *et al.*, 2010). Investigaciones que pretenden evaluar la actividad insecticida/acaricida de los extractos vegetales han sido desarrolladas con la finalidad de identificar sustancias que afectan el comportamiento y metabolismo de los insectos.

La flora brasileña es muy rica en especies con principios activos de importancia terapéutica, con potencial no solo para su empleo en la medicina natural sino también en el control integrado de plagas y enfermedades en la agricultura, ya que muchas especies de plantas medicinales contienen fenoles, quinonas, flavonoides y terpenoides en cantidades apreciables (CARVALHO *et al.*, 2002). La actividad insecticida de aceites esenciales puede suceder de diversas formas, causando mortalidad, deformaciones en diferentes estados de desarrollo, así como también repelencia y supresión, siendo que la actividad repelente es el modo de acción más común de los aceites esenciales y uno de sus principales componentes (ISMAN, 2006).

El uso de extractos vegetales representa una ventaja importantísima debido a su complejidad química, ya que pueden tener efectos sinérgicos benéficos, opuesto a lo que acontece con un solo principio activo, el cual obliga a utilizar dosis muy altas y muchas veces provoca efectos adversos como intoxicación y contaminación ambiental. Otra ventaja es la presencia de varios metabolitos en su composición, lo cual dificulta la evolución de resistencia de las poblaciones de los insectos (PERES, 2002).

Las investigaciones realizadas con plantas insecticidas pueden tener dos objetivos importantes: el descubrimiento de moléculas con acción contra los insectos que permitan la síntesis de nuevos productos insecticidas y la obtención de nuevos insecticidas naturales para el control de plagas. A modo de ejemplo, se pueden citar plantas que originaron nuevos productos sintéticos, como *Physostigma venenosum* (Fabaceae), cuyos compuestos secundarios y en especial la fisostigmina sirvieron como modelo para la síntesis de los carbamatos, y *Chrysanthemum cinerariaefolium* que es la materia prima a partir de la cual son extraídas las piretrinas, precursoras de los piretroides (GALLO *et al.*, 2002).

Los compuestos derivados de las plantas pueden actuar de diferentes maneras sobre los insectos, pudiendo ser repelentes, inhibidores de la oviposición, inhibidores de la alimentación, y también pueden alterar el sistema hormonal, afectando el desarrollo, causando deformaciones, mortalidad en las diferentes fases y esterilidad (ROEL, 2001). Según Seffrin (2006), los metabolitos secundarios son utilizados por las plantas como defensa ante el ataque de insectos, siendo que los efectos relacionados con el comportamiento de selección de los insectos con respecto a la planta para su alimentación son de los más importantes.

Diversas investigaciones han demostrado la viabilidad del uso de compuestos bioactivos obtenidos a partir de plantas para el control de plagas, debido a su eficiencia, generalmente de bajo costo, seguridad para los aplicadores, consumidores y medio ambiente (SHAAYA *et al.*, 1997, HUANG *et al.*, 2000, BOUDA *et al.*, 2001, DEMISSIE *et al.*, 2008). Pueden utilizarse en forma de polvos, extractos acuosos u orgánicos, aceites esenciales, emulsiones, los cuales presentan toxicidad por contacto, ingestión y/o fumigación (KARR & COATS, 1988, RAJENDRAN & SRIRANJINI 2008). Estos productos promueven mortalidad, repelencia, impedimento de alimentación y oviposición, y afectan el crecimiento de los insectos (HUANG *et al.*, 1999, MARTINEZ & VAN EMDEN 2001). La toxicidad de los aceites esenciales sobre las plagas es influenciada por su composición química, la cual depende del recurso vegetal, estación del año, condiciones ecológicas, métodos y tiempo de extracción, y parte de la planta utilizada (LEE *et al.*, 2001).

Algunas plantas producen compuestos secundarios que pueden ser empleados para el desarrollo de nuevos insecticidas naturales o ser precursores de la semi-síntesis química. Los compuestos de los aceites esenciales se producen mediante la vía del metabolismo del mevalonato. Diversas sustancias como los fenilpropanoides y el anetol en aceite de anís o en aceite de naranja han sido asociados con la actividad insecticida (MORAIS, 2009). Algunos productos formulados a base de aceites vegetales (ajo, soya, canola, cinamomo, nim, menta y algodón) están disponibles en el mercado y han sido recomendados para el control de algunas especies de pulgones, cochinillas, moscas blancas, trips y ácaros (CLOYD *et al.*, 2009).

Los compuestos limoneno, citronelol, citronelal, alcanforero y timol, fueron mencionados como repelentes de diversas plagas de los Ordenes Diptera, Coleoptera, Lepidoptera, Isoptera, Phtiraptera y Thysanoptera (NERIO *et al.*, 2010). Los compuestos insecticidas presentes en *Lonchocarpus* sp. son extraídos de la raíz de la planta y son conocidos como rotenoides. La rotenona causa efecto tóxico inicialmente en los músculos y nervios, cesando rápidamente la alimentación de los insectos causando su muerte algunas horas o días después de la exposición. Es un insecticida y acaricida de amplio espectro de acción, y es usado contra larvas de escarabajos, pulgas, pulgones, hormigas, cigarritas, moscas, cochinillas y ácaros. La rotenona es usada extensamente contra el escarabajo de la patata *Leptinotarsa decemlineata* (Coleoptera: Chrysomelidae), el cual constituye una de las plagas más importantes de la patata en el hemisferio norte (COSTA *et al.*, 1997; COX, 2002).

En ensayos realizados en el Departamento de Fitotecnia del Centro de Ciencias Agrarias de la Universidad Federal da Paraíba, Oliveira (2011) evaluó el uso potencial de productos naturales y constató que el aceite de anís ocasionó alta mortalidad (> 50%) de larvas de 1°, 2° y 3° instar de *Ceratitis capitata* (Weid.) (Dipetera: Tephritidae), en concentraciones superiores de 1,5% (m/v). Para el proagrim, observó mayor mortalidad en larvas de 1° y 3° instar, en concentraciones a partir del 2% lo cual no fue confirmado en larvas de 2° instar. Sin embargo, la mortalidad producida por el aceite de naranja fue baja en todas las concentraciones. En ese mismo estudio, fue encontrado que la actividad insecticida de los productos evaluados no se debe a la acción vía ingestión, debido a que fue confirmada baja mortalidad (< 50%) en el ensayo en que se aplicaron los productos en la dieta, independientemente del instar de las larvas de *C. capitata* evaluados. Por otro lado, fue observada alta mortalidad (> 50%) del insecto en ensayos de aplicación tópica, ocasionada por productos con anís y proagrim.

Para las fases de huevo, 1°, 2° y 3° instar larval y pupas de *C. capitata*, la mortalidad ocasionada por la aplicación del aceite de anís varió entre 23,75 (1%) a 33,70 (3%), 73,75% (1%) a 96,25% (3%), 78,75% (1%) a 97,5% (3%), 73,75% (1%) a 85% (3%) y de 7,7% (1%) a 12,50 (3%), respectivamente. Se pudo observar que los índices más altos de mortalidad fueron causados a las larvas de 1°, 2° y 3° instar de *C. capitata* (OLIVEIRA *et al.*, 2011).

Los productos proagrim y aceite de anís provocaron alta mortalidad en individuos de *C. capitata*, aunque la mortalidad dependió del instar del insecto. Ya que, por ejemplo, fue registrada menor susceptibilidad de huevos y pupas de *C. capitata* a ambos productos, debido probablemente a la constitución química de la capa que recubre los huevos y las pupas de esta plaga, lo cual dificulta la penetración del producto (OLIVEIRA *et al.*, 2011).

La mayor tolerancia de huevos y pupas de *C. capitata* puede estar relacionada posiblemente con la mayor protección proporcionada, en el caso del huevo por el corion, y mayor rigidez del tegumento en las pupas, ofrecida por la envoltura denominada pupario (KLOWDEN, 2009). En larvas, la penetración de esos insecticidas puede haber sido facilitada a través del mayor contacto proporcionado por las vías de exposición (OLIVEIRA *et al.*, 2010), ya que estos insecticidas actúan por contacto, tanto en el caso del aceite de anís y/o como fumigante en el caso del proagrim. Las sustancias presentes en esos insecticidas, como los fenilpropanoides y anetol (aceite de anís) (BARBOSA, 2009), triterpenoides y azadiractina en polvo (proagrim), actúan a través de la penetración en el cuerpo del insecto vía sistema respiratorio (efecto fumigante) o a través de la cutícula (efecto de contacto) en el caso del proagrim (PRATES & SANTOS, 2000).

La actividad insecticida del aceite de naranja observada en el estudio realizado por Oliveira (2011) fue baja en los estados inmaduros de *C. capitata*, probablemente esa actividad fue enmascarada por el hecho de que ese insecticida actúa solamente por ingestión (tracto digestivo), lo cual no fue registrado en este trabajo. De acuerdo con Lopes *et al.*, (2009), la actividad del aceite de naranja conferida por la sustancia STD (sodium tetraborohydrate decahydrate) provocó alta mortalidad del pulgón *Hyadaphis foeniculi* (Hemiptera: Aphididae), variando entre 91,10 y 97,69% en las concentraciones de 0,3 y 0,7%, respectivamente. De forma general, la CL_{50} estimada del producto Proagrim para huevos y larvas de *C. capitata* y del aceite de anís para larvas de ese insecto representó bajo volumen para ocasionar mortalidad a *C. capitata*.

Silva *et al.* (2010), a partir del extracto acuoso de almendras de nim estimaron CL_{50} para adultos e inmaduros de *C. capitata*, de 7.522 ppm (0,07522%) y 1.3668 ppm (1,3668%), y de 13.028 (1,3028%) y 9.390 ppm (9,390%) para adultos e inmaduros de *Anastrepha fraterculus* (Diptera: Tephritidae), respectivamente. Figueiredo *et al.* (2010) estimaron bajas CL_{50} y CL_{90} del aceite de *Croton grewioides* (Baill.) (Euphorbiaceae) para pupas de *C. capitata*, las cuales fueron de 0,29 y 0,95 % (m/v). Sin embargo, el valor de CL_{50} observado por estos autores es inferior al estimado en el presente trabajo, tanto para huevos como para larvas en diferente instar. Moraes *et al.* (2006), creen que la actividad insecticida proporcionada por plantas del género *Croton* puede ser potencializada por una elevada concentración de sustancias como anetol, metileugenol, α-copaeno, α-pineno, β-pineno y trans-cariofileno.

Restello *et al.* (2009) registraron una mortalidad promedio de hasta 94% cuando *Sitophilus zeamais* (Coleoptera: Curculionidae) fue sometido a la aplicación del aceite esencial de *Tagetes patula* (L.) (Asteraceae). De igual forma, Lima *et al.* (2010) observaron mortalidad superior al 70% de *Spodoptera frugiperda* (Lepidoptera: Noctuidae) a partir de la concentración de 0,5% del aceite esencial de hojas de *Ageratum conyzoides* (L.) (Asteraceae), estos investigadores verificaron también que en las concentraciones de 1, 2 y 3% (m/v) la mortalidad fue superior al 95%.

Pereira *et al.* (2008), utilizaron diferentes tipos de aceites esenciales en el control de *Callosobruchus maculatus* (Coleoptera: Bruchidae), y obtuvieron resultados similares a los encontrados en este estudio. Esos autores, concluyeron que los aceites esenciales de *Cymbopogon martini* Roxb. (Poaceae), *Piper aduncum* L. (Piperaceae) y *Lippia gracilis* Schauer (Verbenaceae) causaron mortalidad de 100% a *C. maculatus*. Mientras que el aceite esencial de *P. hispidinervum* provocó mortalidad entre 91,6% y 100%, y el aceite de *Melaleuca* sp. causó mortalidad de aproximadamente 98% a *C. maculatus*.

Debido a la rápida evolución de la resistencia de la plaga *Bemisia tabaci* Genn. (Hemiptera: Aleyrodidae) a los insecticidas (PRABHAKER *et al.*, 1998) y de los demás problemas causados por esos productos en el agroecosistema, algunos métodos alternativos han sido estudiados para su control, incluyendo los extractos de plantas de diversas familias botánicas con más énfasis en las meliáceas (COUDRIET *et al.*, 1985; ASIATICO & ZOEBISCH, 1992; CUBILLO *et al.*, 1994; GÓMEZ *et al.*, 1997; NARDO *et al.*, 1997).

Oliveira *et al.* (1995) a través de experimentos en laboratorio, comprobaron que el extracto derivado de flores de *Camellia sinensis* L. (Theaceae) es tóxico para el insecto plaga *Sitophilus zeamais* Mots. (Coleoptera: Curculionidae) cuando es aplicado directamente sobre los insectos con pulverizador manual. El extracto de *Pinper níger* L. fue eficiente en más de 90% en el control de *Sitotroga cerealella* Oliver (Lepidoptera: Gelechiidae), con efecto residual estable de hasta 90 días después de su aplicación.

Según Martinez (2002), otros limonoides como 14-epoxiazadiradiona, meliantriol, gedunina, nimbidina, nimbinem, nimbina, melianona, azadiractol, vilosinina y melicarpina, también están presentes en el fruto del nim y participan del proceso de interrupción de la ecdisis, potencializando el efecto insecticida del aceite de nim.

Martinez (2002) observo el mismo efecto sobre *Stomoxys calcitrans* L. (Diptera: Muscidae) (mosca de los establos), la cual no tuvo la capacidad de desarrollarse en el estiércol tratado con pulverizaciones de aceite de nim al 0,5%, debido probablemente a que la azadiractina penetró la cutícula de los insectos e inhibió la síntesis de quitina, provocando así la deshidratación y muerte. Existe poca información sobre la acción ovicida de los compuestos bioactivos de nim en insectos. Evaluaciones muestran que las aplicaciones de altas concentraciones de extractos de plantas resultan en poco o ningún efecto ovicida (SCHMUTTERER, 1988).

Los productos de nim generalmente no causan efecto ovicida, pero su efecto residual muchas veces es suficientemente prolongado para impedir la primera ecdisis de larvas que eclosionan de los huevos tratados (SCHMUTTERER, 1988). Como el extracto metanólico de la almendra de la semilla del nim es tóxico para para la alimentación de larvas, se puede deducir que los productos derivados del nim pueden ser adecuados y de gran interés para el control de la polilla del tomate. Además, según Schmutterer (1990) presenta selectividad considerable para enemigos naturales de plagas, especialmente parasitoides y depredadores, así como también puede ser mezclado con otros bioproductos, como insecticidas a base de *Bacillus thuringiensis* o como sinérgicos para aumentar su eficacia.

Sustancias de origen vegetal son utilizadas en el control alternativo de *Zabrotes subfasciatus* en muchos países de América Latina, África y Asia, en forma de extractos y aceites, con fácil obtención y generalmente inocuas para los aplicadores y consumidores. Causan mortalidad, repelencia, inhibición de la oviposición, disminución del desarrollo larval, fecundidad y fertilidad de los adultos (WEAVER *et al.*, 1994). Varias especies vegetales fueron evaluadas y demostraron ser bastante prometedoras en el control de esta plaga, como *Tagetes minuta* L. y *Ocimum canum* Sims (WEAVER *et al.*, 1994). *P. aduncum* (Piperaceae) es una planta de interés económico para la Amazonía y puede ser usada en el control de plagas. Esa especie produce un aceite esencial llamado dilapiol, cuyo efecto insecticida fue descrito por Maia *et al.* (1988).

Varios estudios han demostrado que esta planta, además de la importancia medicinal como antinflamatorio, antihemorrágico, astringente, diurético y otros, también presenta acción insecticida, bactericida y fungicida (CORREA & PENNA, 1984; VIEIRA, 1991; VERAS, 2000; MORANDIM *et al.*, 2003; FIGUEIRA *et al.*, 2003; BASTOS *et al.*, 2003). Según Jacobson (1989), otras especies botánicas de las familias Annonaceae, Asteraceae, Cannellaceae, Labiateae y Rutaceae, también parecen ser promisoras para el control de plagas. Aun son escasos estudios sobre el potencial insecticida para la gran mayoría de las especies, lo cual implica la necesidad del desarrollo de la investigación para el descubrimiento de nuevas alternativas.

El componente principal del aceite esencial del eucalipto es el 1,8-cincol o eucaliptol. Su concentración es bastante variable entre las especies de eucalipto: *Eucalyptus citriodora* (Hook), *E. globulus*, *E. smithii* y *E. maidesii* (CHAGAS *et al.*, 2002). Las hojas de E. *citriodora* son repelentes al gorgojo de la judía A. *obtectus* (MAZZONETTO & VENDRAMIM, 2003) y posee acción insecticida en los escarabajos *Tribolium castaneum* Herbst (Coleoptera: Tenebrionidae) y *Rhizopertha dominica* Fabr. (Coleoptera: Bostrichidae). A partir de las plantas del género *Chrysanthemum*, de la familia Asteraceae, es obtenido el piretro que puede ser utilizado en el control de insectos como: pulgones, larvas y crisomélidos. Para la extracción del piretro se maceran las flores de la planta. Su acción puede ser aumentada con el uso de extracto de sésamo (*Sesamum indicum* L.) (GUERRA, 1985; SANTOS *et al.*, 1988).

La cumarina actúa uniéndose de forma irreversible al citocromo P450, comprometiendo la capacidad detoxificante del insecto e inhibiendo la cadena de transporte de electrones, probablemente teniendo como sitio de acción el citocromo coxireductasa (complejo III), con mecanismo similar al de los β-metoxiacrilatos (MOREIRA *et al.*, 2004). Ese insecticida botánico tiene acción contra larvas, escarabajos, hormigas, mosca doméstica (MOREIRA, 2002) y cucarachas. La sabadilla es extraída de las semillas de *Schoenocaulon officinale*, perteneciente a la familia Liliaceae. Los principales compuestos activos son alcaloides conocidos colectivamente como veratrina, dentro de los cuales los de mayor actividad insecticida son la veratridina y la cavadina. La sabadilla puede ocasionar mortalidad inmediata para algunas especies de insectos, mientras que otros sobreviven en estado de parálisis por varios días antes de morir por pérdida de las funciones nerviosas (CLOYD, 2004).

EFECTOS DE PLANTAS INSECTICIDAS EN ENEMIGOS NATURALES

El uso de plantas insecticidas en el control de insectos plaga puede ser incluida en Programas de Manejo Integrado de Plagas, ya que de acuerdo con la definición de la FAO, el MIP es una metodología que emplea todos los procedimientos aceptables desde el punto de vista económico, ecológico y toxicológico, para mantener las poblaciones de organismos nocivos debajo de los niveles económicamente aceptables, aprovechando de la mejor forma posible los factores naturales que limitan la proliferación de referidos organismos.

Teniendo en cuenta que el objetivo del MIP es minimizar el uso de productos químicos y priorizar las medidas biológicas, biotécnicas y de fitomejoramiento, así como las técnicas de cultivo, la inclusión de tácticas de control que antepongan este objetivo viene siendo cada vez más implementada en este programa de control. La utilización de productos naturales como insecticida es compatible con la filosofía del MIP, debido al hecho de que estos presentan baja toxicidad al ser humano y a otros mamíferos, causan poca interferencia al medio ambiente, son selectivos y eficientes contra una gama amplia de insectos plaga. Uno de los principales objetivos con el uso de productos vegetales es la reducción del crecimiento de la población de plagas, siendo que los efectos colaterales en el desarrollo que conllevan a la muerte del insecto es solo uno de los medios de acción de los insecticidas naturales, ya que es necesario el empleo de altas concentraciones para que esto suceda (BOIÇA JUNIOR *et al.*, 2011).

Los extractos botánicos presentan algunas ventajas con respecto a los pesticidas sintéticos, tales como: ofrecer nuevos compuestos que las plagas aun no pueden inactivar, menos concentrados y potencialmente menos tóxicos que compuestos puros, además de tener biodegradación rápida y múltiples modos de acción, haciendo posible un uso de amplio espectro mientras que retienen una acción selectiva dentro de cada clase de plaga. Al mismo tiempo, son derivados de recursos renovables en contraposición con los materiales sintéticos (QUARLES, 1992).

Insecticidas botánicos ideales para el uso en programas de manejo integrado de plagas deben ser tóxicos para las plagas, pero no para los enemigos naturales (PLAPP & BULL, 1978). Algunas sustancias botánicas tienen acción insecticida conocida, tales como: piretrinas, rotenona, nicotina, cevadina, veratridina, rianodina, quassinoides, azadiractina y biopesticidas volátiles, estos últimos normalmente son aceites esenciales presentes en las plantas aromáticas

(ISMAN, 2000). Por ser de origen natural, el efecto insecticida de los extractos tiende a degradarse después de 72 horas, característica positiva debido a que no deja residuos y permite el uso de otras técnicas de manejo, como el uso de control biológico, viabilizando la sobrevivencia y el desempeño de los enemigos naturales, ya que es más selectivo que los insecticidas químicos (MOREIRA *et al.*, 2006).

Silva *et al.* (2009) observó que el aceite esencial de anís (1%) redujo la oviposición de *Euborellia annulipes* (Dermaptera: Anisolabididae), mientras que el extracto acuoso de tabaco (1%) fue moderadamente selectivo para las posturas de ese depredador. Además, el aceite esencial de anís (1%) afectó negativamente el desarrollo embrionario de *E. annulipes*.

Costa *et al.* (2007) no observaron influencia del nim en la fertilidad de *E. annulipes* cuando anteriormente sus ninfas eran tratadas con nim en concentraciones de 0,5; 2,25 y 5%. De hecho, los compuestos bioactivos de nim han sido selectivos a organismos no objetivo, como los depredadores de ácaros fitófagos comparándolos con acaricidas convencionales (SPOLLEN & ISMAN, 1996; SCHMUTTERER, 1997).

Adultos de *Podisus nigrispinus* (Heteroptera: Pentatomidae) fueron expuestos a pulverizaciones de nim a diferentes concentraciones (0,0; 0,6; 0,8; 1,0; 1,5 y 2,0%), durante 5 segundos. Los resultados obtenidos mostraron que el nim es selectivo para este insecto en todas las concentraciones evaluadas, y que hasta las concentraciones más altas no afectaron el desempeño reproductivo del depredador (VACARI *et al.*, 2004). Sin embargo, Cosme *et al.* (2007) estudiaron el efecto de insecticidas botánicos sobre los huevos y larvas de *Cycloneda sanguínea* (Coleoptera: Coccinelidae) y observaron que la viabilidad de los huevos fue reducida en el caso de la aplicación de azadiractina. Por lo tanto, así se trate de productos naturales, que son menos agresivos comparados con los insecticidas sintéticos, el empleo de estos productos puede acarretar efectos adversos sobre la población de insectos benéficos.

Torres (2004) estudió los efectos del uso de *Melia azedarach* y de *Azadirachta indica* L. en el desarrollo del parasitoide *Oomyzus sokolowskii* Kurdjunmov, en cultivares de repollo y otras especies vegetales en la alimentación de *Plutella xylostella* L. Así, *M. azedarach* ocasionó reducción del número de parasitoides y el índice de parasitismo en las pupas de *P. xylostella*. En ese estudio, fue verificado también que los extractos de *M. azedarach* y de *A. indica* además de causar deformidades en el 10% de los adultos de *O. sokolowskii* a partir de la segunda generación, también causaron reducción en el tamaño de estos.

Mourão *et al.* (2004) estudiaron la toxicidad relativa de los extractos de hojas, semillas y aceites de *Acalypha indica* (nim) causadas al ácaro depredador *Iphiseiodes zuluagai* (Acari: Phytoseiidae) en laboratorio, y determinaron concentraciones discriminatorias (CLs99) de los extractos de la hoja, semilla y aceite de nim para las hembras adultas de *Oligonychus ilicis* (Acari: Tetranychidae). A través de bioensayos de concentración mortalidad, observaron que las concentraciones de los extractos de nim que mataron el 99% de *O. ilicis*, después de 72 h de exposición fueron: 277,4; 520,9 y 10,9 mg/ml, de hoja, semilla y aceite, respectivamente. La concentración discriminatoria del extracto de aceite de nim para hembras adultas de *O. ilicis* fue altamente tóxica para el ácaro *I. zuluagai*, y las de los extractos de hoja y semilla fueron altamente selectivas.

La pulverización con aceite de semillas de nim al 2% sobre los huevos de *P. xylostela* redujo el número de huevos parasitados por *Trichogramma principium* en laboratorio y por *T. pretiosum* en campo (KLEMM & SCHMUTTERER, 1993). RAGURAN & SINGH (1999) evaluaron el aceite de semillas de nim en concentraciones de 5,0; 2,5; 1,2; 0,6 y 0,3% sobre la oviposición, alimentación, fecundidad y desarrollo de *Trichogramma chilonis* (Heteroptera: Trichogrammatidae). El aceite de semillas de nim ocasionó suspensión de oviposición y alimentación del parasitoide.

Abrasom *et al.* (2006) afirmaron que el aceite de lavanda tiene la ventaja de atraer la mariquita *C. sanguínea*, un depredador natural de pulgones, y que es menos letal que las flores de anís. Compuestos bioactivos de nim han presentado relativa selectividad a organismos no objetivo, como los depredadores de ácaros fitófagos, comparándolos con los acaricidas convencionales (MANSOUR *et al.*, 1987).

Cosme *et al.* (2007) observaron prolongamiento del último instar larval, alteraciones morfológicas y mortalidad de larvas de 1° y 4° instar de *C. sanguínea*, así como también fueron reportados en tratamientos con Nim-I-Go a 50 y 100 mg L^{-1}.

Souza (2010) observó mortalidad del 100% de larvas de 2° instar de esa mariquita, cuando fueron sometidas a 0,0148 µg mL^{-1} de i.a. de aceite en la fórmula comercial DalNim. Venzon *et al.* (2007) evidenciaron efectos letales y subletales sobre la mariquita *E. connexa*, en concentraciones de 0,25 y 0,5% de extracto de nim.

La mayoría de los trabajos referentes al control de plagas con productos botánicos han hecho énfasis en la compatibilidad de esas moléculas con el control biológico. Sin embargo, existen variaciones en la respuesta de los enemigos naturales a la aplicación de tales productos (GONÇALVES-GERVÁSIO, 2003). El efecto selectivo depende en gran medida de la concentración del principio activo, así como de la variabilidad genética, temporal y espacial, tanto de la población de la plaga objetivo como de la planta insecticida.

EFECTOS DE INSECTICIDAS ALTERNATIVOS EN LA REPELENCIA DE PARASITOIDES

Los enemigos naturales tienen la capacidad de identificar diversas sustancias químicas potencialmente importantes que les permiten encontrar varias especies de hospedantes en una misma área, así como la capacidad de determinar su valor en el contexto del ambiente, que pueden ser adecuadas o no para el parasitismo. De ese modo, la sobrevivencia de la progenie está directamente relacionada con esta capacidad de seleccionar correctamente el hospedante durante la búsqueda (TUMLINSON *et al.*, 1993). Los dos sistemas sensoriales importantes que controlan ese comportamiento son los estímulos olfativos y visuales, que son percibidos por los receptores periféricos que están localizados en las antenas y en los ojos compuestos, y por tanto, el comportamiento resulta en ejecución del vuelo, sondeo del hospedante y oviposición (LEWIS & MARTIM, 1990).

Oliveira (2014) evaluó el efecto de bioinsecticidas aplicados en frutos de guayaba, tanto la repelencia como la atracción de *Diachasmimorpha longicaudata* Ashmead (Hymenoptera: Braconidae). Fueron realizadas evaluaciones preliminares para seleccionar dos variedades: una susceptible (Século XXI) y una resistente (Paluma). El bioinsecticida empleado fue el aceite de nim y el control con agua, en las siguientes condiciones: 0,0; 3600; 5600; 10000 y 36000 ppm. El producto comercial del aceite de nim utilizado fue AZAMAX®, una emulsión concentrada a base de azadiractina, del grupo de los tetranortriterpenoides, con 1,2% de azadiractina (12 g/L). Ese producto fue introducido en el mercado brasileño en 2009, siendo el único registrado en el Ministerio de Agricultura, Pecuaria y Abastecimiento (MAPA) para el control de plagas en la agricultura y certificado por el Instituto Biodinámico (IBD) para el empleo en sistemas de producción orgánica.

En el ensayo de selección hospedante, el porcentaje de parasitismo no fue diferente estadísticamente entre las concentraciones evaluadas, en ninguna de las variedades estudiadas. El mismo resultado fue observado cuando se comparó el porcentaje de parasitismo entre las variedades, excepto en el tratamiento control, en el que se verificó que en la variedad Século XXI la tasa de parasitismo fue más alta (Oliveira, 2014).

Con relación a la mortalidad de las larvas, no fue encontrada diferencia significativa entre las concentraciones evaluadas, tanto para la variedad Paluma como para la Século XXI. De igual forma, cuando fue comparada la mortalidad entre las variedades, excepto en el control, fue constatada mayor mortalidad de larvas en la variedad Paluma. Mientras que en la evaluación conjunta del parasitismo y la mortalidad de las larvas, no fue observada diferencia estadística ni entre las concentraciones ni entre las variedades estudiadas (Oliveira, 2014).

EFECTOS DE INSECTICIDAS ALTERNATIVOS EN LA REPELENCIA DE DEPREDADORES

En programas de control biológico con parasitoides, una de las dificultades en la liberación está relacionada con la depredación de huevos parasitados. Ante eso, Mikami *et al.*, (2014) seleccionaron repelentes a insectos depredadores que fueran selectivos al parasitoide *Telenomus podisi*.

Para examinar la repelencia, Mikami *et al.*, (2014) confeccionaron carteles de huevos de *Euschistus heros* y aplicaron los aceites esenciales. Los carteles fueron distribuidos en el cultivo de soya y retirados después de 24 h. Debido a que el aceite de canela-hoja (100%) presentó más repelencia a los depredadores (75 a 96,6%), fue aplicado en diferentes concentraciones sobre las pupas del parasitoide y se evaluó su emergencia. Las concentraciones utilizadas fueron: 0, 25, 50, 75 y 100% de aceite, diluidos en una solución Tween al 30%. Fue observado que el aceite afectó la emergencia de los parasitoides de forma concentración-dependiente, hasta en la menor concentración en la que causó 30% de mortalidad.

Como alternativa, Mikami *et al.*, (2014) realizaron evaluaciones con cápsulas de gelatina para la utilización del aceite de canela-hoja. Fueron realizadas evaluaciones preliminares, debido a que no hay información básica sobre la liberación de parasitoides en estas condiciones. Fueron realizadas evaluaciones con cápsulas con diferentes colores, tamaños y cantidad de pupas/cápsula. La cápsula de tamaño 0 con 50% de huevos parasitados presentó el mayor número de insectos emergidos, siendo que el color demostró tener poca influencia en la emergencia de los parasitoides. Fueron realizadas evaluaciones en campo para observar la protección que las cápsulas ejercen contra los depredadores. Así, cápsulas con pupas fueron distribuidas en el cultivo de soya y recogidas después de 24 h. Las pupas restantes contenidas en las cápsulas fueron evaluadas, peso inicial – final. Las cápsulas no presentaron eficiencia contra los depredadores, independientemente de los colores usados, y además son extremadamente sensibles a la humedad por lo cual se deforman fácilmente. Ante eso, los autores concluyeron que otras alternativas deberán ser estudiadas para viabilizar la liberación de los parasitoides de huevos.

EFECTOS DE PLANTAS INSECTICIDAS EN ABEJAS

Las abejas constituyen uno de los grupos de insectos más importantes para el hombre por permitir la explotación económica de sus productos, y principalmente, por contribuir con el aumento de la producción de frutos y semillas de diversos vegetales. Aproximadamente 90% de las especies de plantas presentan flores y 75% de los cultivos agrícolas del mundo necesitan de la polinización, siendo entonces consideradas como los polinizadores más importantes (Gianinni *et al.*, 2015).

Apis mellifera L. (Hymenoptera: Apidae) presenta gran importancia económica, ya que ofrece al ser humano productos apícolas (miel, cera, jalea real) y desempeña servicios ambientales de importancia ecológica, como la polinización.

La apicultura en Brasil inició con la introducción de las abejas europeas *Apis mellifera*, pero avanzó con auxilio de las abejas africanas *Apis mellifera scutellata* Lepeletier en 1956, culminando con el inicio de la comercialización de miel, pasando a ser comercializada en todo el territorio nacional. Es considerada una alternativa de sustento para el agricultor familiar, ya que permite la mejoría de la calidad de vida de los productores y no causa daños al medio ambiente (FREITAS *et al.*, 2004).

Esta actividad contribuye con la sostenibilidad de pequeñas propiedades, propiciando oportunidades de empleo directo o indirecto en el manejo de las abejas, siendo más ventajosa para las pequeñas propiedades ya que necesita áreas pequeñas, instalaciones artesanales y poca mano de obra para manejarlas (VARGAS, 2006).

La apicultura es una actividad que corresponde al triángulo de la sostenibilidad: social, económico y ambiental. Social porque permite la fijación del ser humano en el medio rural, económica por ser una alternativa para la diversificación de la propiedad rural y aumento de la rentabilidad, y constituye una actividad de gran importancia ambiental, porque contribuye con el mantenimiento y preservación de los ecosistemas existentes (SILVA & PEIXE, 2012), siendo extremadamente importante la preservación de las abejas *A. mellifera*.

Las abejas son eximias polinizadoras, visitando frecuentemente los cultivos que fueron manejados y recibieron tratamientos fitosanitarios. En ese contacto con los tratamientos, ellas pueden contaminarse y morir, o entonces, llevar el contaminante para dentro de la colmena. Como los pequeños agricultores y agricultores familiares suelen tener apiarios en sus propiedades y generalmente emplean el control biológico y/o alternativo para el control de insectos plagas en los cultivos, es importante evaluar el posible efecto que estos productos pueden ocasionar sobre las abejas *A. mellifera*, organismo no objetivo.

El producto fitosanitario ideal, desde el punto de vista de la producción agrícola y del Manejo Integrado de Plagas, es aquel que presenta selectividad total, es decir, que ofrece efecto letal solamente en las plagas y que preserve los artrópodos benéficos, evitando el desequilibrio ecológico. El control alternativo con uso de plantas insecticidas es un conjunto de métodos que tiene como propósito ofrecer alternativas para disminuir el uso de insecticidas sintéticos, reduciendo también los riesgos de contaminación al ambiente, a la salud humana, a los enemigos naturales y a los polinizadores. A pesar de que diversos autores analizan el efecto de los productos biológicos y alternativos sobre los insectos plaga, aun son escasas las investigaciones con énfasis en sus efectos sobre los insectos útiles, en especial los polinizadores, como *A. mellifera*.

Es extremadamente importante que sean utilizados bioinsecticidas selectivos para la preservación de especies benéficas en el agroecosistema. A pesar de la importancia de la selectividad en la preservación del control biológico natural de plagas, aun existen pocos estudios con respecto a eso. En ese contexto, es de considerar que la asociación entre enemigos naturales y el uso de extractos vegetales puede constituir una alternativa para el manejo integrado de plagas. A pesar de que los productos naturales son más seguros que los insecticidas sintéticos, es de resaltar su potencial en presentar efecto sobre organismos no objetivo asociados con los cultivos, principalmente los polinizadores, como las abejas *A. mellifera*. Por lo tanto, es imprescindible demostrar los posibles efectos de los extractos vegetales y/o productos alternativos, antes de ser aplicados sobre organismos no objetivo, como las operarias de *A. mellifera*.

Los avances en las investigaciones que involucran el control alternativo son fundamentales para auxiliar el control de insectos plaga, así como la preservación de insectos benéficos y en la protección del medio ambiente. Una manera de reducir los riesgos a los polinizadores es realizando evaluaciones adecuadas de extractos botánicos, con la finalidad de identificar compuestos que presenten selectividad para las abejas. La selectividad puede ser entendida cuando el insecticida sintético selecciona y/o controla el insecto plaga, sin afectar los enemigos naturales. Existen dos tipos de selectividad: selectividad ecológica y selectividad fisiológica. La selectividad ecológica consiste en el uso de técnicas de aplicación de compuestos pesticidas que minimizan el contacto entre el producto utilizado y el insecto no objetivo. Mientras que la selectividad fisiológica busca identificar compuestos que sean más tóxicos para los insectos plaga que para los insectos benéficos (Pereira, 2016).

El uso de productos alternativos favorece la conservación de los enemigos naturales, siendo adecuado entonces utilizar insecticidas sintéticos eficientes en el control de insectos plaga y selectivos para los enemigos naturales. La selectividad es una de las principales características para la elección de los productos a ser aplicados, siendo la ausencia de esa característica una de las limitaciones de su utilización en los sistemas alternativos de producción.

De una forma general, pocos trabajos han evaluado la selectividad de extractos botánicos con formulaciones caseras en abejas meliponas y silvestres. Lo que se sabe con relación a la tolerancia de las abejas a las toxinas naturales y sintéticas es que uno de los principales mecanismos utilizados es la resistencia metabólica. Y que las principales enzimas responsables por el metabolismo o detoxificación de las toxinas son las carboxilesterasas, glutationa S-transferasa (GSTs) y citocromo P450 (Rand *et al.*, 2015). Aun así, existe la necesidad de nuevos trabajos para conocer los grupos de compuestos químicos presentes y los pesos moleculares de los extractos utilizados para aclarar mejor los mecanismos que otorgan a estos extractos botánicos la selectividad para las abejas. Los mecanismos que les permiten a las abejas tolerar los metabolitos secundarios tóxicos permanecen desconocidos.

Al evaluar el efecto de extractos vegetales sobre las operarias de *A. mellifera*, Xavier (2009) verificó que el producto Rotenat® CE (compuesto natural presente en la planta *Derris* spp. (Leguminosae) causó 33% de mortalidad después de exposición al producto, pero el mismo producto no fue tóxico para la abeja *Nonnotrigona testaceicornis* Lepetier (Hymenoptera: Apidae).

En la evaluación del efecto tóxico de la Rotenona (Rotenat® CE) sobre las operarias de *A. mellifera*, Efrom (2009) encontró longevidad superior de 48 horas para el 69,5% de las abejas pulverizadas con el producto.

Silva *et al.*, (2012) evaluaron el efecto de extractos de plantas medicinales en *A. mellifera*. En el experimento de ingestión fue demostrado que dentro de los siete tratamientos evaluados (polvos de las diferentes estructuras vegetales [hojas y semillas]: nim [*Azadirachta indica*] 10%, semillas de nim [*A. indica*] 7,9%, té de Méjico [*Chenopodium ambrosioides* L.] y jengibre [*Zingiber officinale* L.] 60%), el tratamiento constituido por los extractos de té de Méjico y jengibre fueron más tóxicos, disminuyendo la sobrevivencia de *A. mellifera* rápidamente, en 65 y 60%, respectivamente.

Cuando la acción de los extractos fue de contacto, los índices de sobrevivencia estuvieron próximos al ensayo de ingesta en el caso de Azamax® (85%) y Organic Nim® (85%), semillas (80%) y hojas de nim (79%). La acción de contacto fue mayor en el caso del té de Méjico (35%) y el jengibre (30%). Posiblemente la intoxicación de las abejas suceda mediante ingesta y contacto. De esa forma, los extractos concentrados de *C. ambrosioides* L. y *Z. officinale* L. pueden actuar como fagoinhibidor o perjudicando de alguna forma la alimentación de las abejas, ya que actúan como interruptores de la alimentación (Santos *et al.*, 2012).

La suspensión de la alimentación provocada por tales sustancias, debido a la reducción del consumo de alimento, ocasiona deficiencia nutricional. La falta de nutrientes puede causar retraso en el desarrollo o deformaciones. De igual manera, la ocurrencia de deformaciones o deficiencia nutricional disminuye también la capacidad de locomoción del insecto, la búsqueda de alimentos de mejor calidad o locales para refugio o reproducción, tornándolo también más susceptible al ataque de enemigos naturales.

En otro estudio realizado por Silva (2009), fue demostrado que los extractos de jengibre no afectaron la sobrevivencia de *A. mellifera*. El tratamiento de hojas de nim redujo la sobrevivencia de las abejas en 25%, siendo superior al índice encontrado con los extractos de las semillas de nim (20%), en el que está la mayor cantidad del fitocomplejo de esa planta.

Pereira (2016) evaluó la selectividad de los extractos de *Nicotiana tabacum* L. (hoja y rollo de hojas secas), *Anadenanthera columbrina* Vell. y *Agave americana* L. en las abejas *A. mellifera* y *Partamona helleri*. En el bioensayo por contacto, fue observado que los extractos de *N. tabacum* (hoja) y *A. colubrina* no alteraron la sobrevivencia de las dos especies de abejas comparado con sus respectivos controles, agua con alcohol y agua. El extracto de *N. tabacum* (en la forma de rollo) disminuyó la sobrevivencia de las dos especies de abejas evaluadas. El contacto con el extracto de *A. americana* redujo significativamente la probabilidad de sobrevivencia de *A. mellifera*, pero no modificó la sobrevivencia de *P. helleri*. Fue evidente un efecto negativo del solvente alcohol empleado en la preparación de los extractos de *N. tabacum* (hoja y rollo) en la sobrevivencia de las abejas. Las abejas *A. mellifera* presentaron menor probabilidad de sobrevivencia en todos los tratamientos con respecto a la probabilidad de sobrevivencia de *P. helleri*.

Para el mismo ensayo mencionado anteriormente, aun en forma de ingestión, Pereira (2016) detectó que la sobrevivencia de *A. mellifera* y *P. helleri* fue afectada por el extracto de *A. americana*, mientras que el extracto de *A. colubrina* solamente afectó la sobrevivencia de *A. mellifera*. Conforme fue notado en los ensayos de contacto, el alcohol presente en los extractos también incurrió en efectos negativos en la sobrevivencia de las abejas. A excepción del extracto de *A. americana*, las abejas *A. mellifera* presentaron menor probabilidad de sobrevivencia con respecto a *P. helleri*.

En general, los resultados obtenidos por Pereira (2016) revelaron que la susceptibilidad de las abejas a los extractos varió entre *A. mellifera* y *P. helleri*, de acuerdo con el tipo de extracto utilizado en los bioensayos y en la respuesta al tipo de exposición. Posterior a la exposición por contacto, *A. mellifera* presentó mayor susceptibilidad a los extractos de *N. tabacum* (rollo) y *A. americana*. Mientras que en la exposición vía ingestión, *A. americana* redujo significativamente la sobrevivencia de *P. helleri* y *A. mellifera*, y *A. colubrina* decrementó la sobrevivencia de *A. mellifera*. En general, los extractos fueron más selectivos para *P. helleri*.

En ese mismo estudio llevado a cabo por Pereira (2016), fue revelado que después del ayuno *A. mellifera* ingirió poco alimento contaminado, independientemente del tratamiento, pero cuando fue proporcionado alimento libre de extractos *A. mellifera* consumió mayor cantidad de alimento. Mientras que *P. helleri*, después del ayuno ingirió gran cantidad de alimento y redujo el consumo de alimento puro en el transcurso del tiempo, excepto en el rollo de *N. tabacum* (Pereira, 2016). Abejas meliponas forrajeras, son capaces de percibir que corren riesgo de aguantar hambre y por tanto, ellas cargan una cantidad mayor de alimento cuando dejan la colmena para forrajear. Posiblemente, esta estrategia de *A. mellifera* explica el bajo consumo de alimento contaminado después del ayuno, y cuando les es proporcionado alimento libre de extractos aumentan el consumo para recompensar la escasa ingestión después de la inanición.

Sin embargo, la mayoría de los registros señalan que las abejas de mayor volumen corporal presentan más tolerancia a los pesticidas, sea por exposición de contacto o ingestión (Johansen *et al.*, 1983) y algunos autores reportan que las abejas sin aguijón (Meliponini) son más sensibles a los pesticidas (Tomé *et al.*, 2012; Del Sarto *et al.*, 2014). Los resultados mostraron que *P. helleri* fue más tolerante a los extractos que *A. mellifera*. La menor susceptibilidad de *P. helleri* a los extractos puede estar relacionada con diversos aspectos además de la especie y el tamaño corporal, tales como, diferencias genéticas, ciclo de vida, alimentación, comportamiento de búsqueda de alimento (forrajeo) y tipo de exposición.

Otros extractos vegetales también fueron evaluados sobre las operarias de *A. mellifera*, de los que se encontraron diferentes efectos sobre esas abejas. Malerbo-Souza *et al.* (2003) detectaron que cuando fueron realizadas pulverizaciones de citronela (*Cymbopogon winterianus*) y orégano (*Origanum vulgare*) en la concentración de 5% de glicerina, agua y aceite, en el cultivo de maracuyá y/o en tubos de propileno, no se presentó efecto repelente para las abejas *A. mellifera*.

Vilani (2013) verificó que el extracto de *Hovenia dulcis* (árbol de las pasas) redujo la longevidad de *A. mellifera* en 54,20 h cuando fue pulverizado (en concentración de 1mL de extracto vegetal a 5%) sobre adultos de *A. mellifera*. En estudios que evaluaron la selectividad de productos fitosanitarios naturales, Xavier (2009) evidenció que Natualho®, en la dosis recomendada (1mL/200mL de solución) presentó toxicidad en adultos de *A. mellifera*, causando mortalidad del 55% después de cuatro días de exposición en hojas de zapallo inmersas en solución acuosa que contenía los insecticidas botánicos.

Efrom (2009) observó que cuando Natunim® (500 mL/100L) y Pironat® (250mL/100L) fueron aplicados vía contacto (en concentraciones de 0,25×, 0,5×, 1× y 2× la dosis recomendada) sobre operarias de *A. mellifera*, no interferían en la longevidad (48 h) de las abejas. Simionatto (2013) al realizar estudios pulverizando Natunim® (0,5mL/1L) directamente sobre las operarias de *A. mellifera*, verificó que el producto no interfiere en la longevidad de las abejas después de 82 h.

Silva (2014) analizó los efectos de los extractos vegetales de la granada (*Punica granatum* L.), cucharero (*Echinodorus grandiflorus*), mejorana (*Origanum majorana* L.) y camomila (*Matricaria recutita* L.). El estudio fue realizado en operarias de *A. mellifera*, en cuatro formas diferentes de aplicación: i) pulverización directa de los tratamientos sobre las abejas operarias, ii) contacto en superficie vítrea pulverizada con los tratamientos, iii) contacto con las hojas de soya inmersas en la solución de los tratamientos y iv) combinación de los tratamientos en crema Candy. Los resultados obtenidos por Silva (2014) proporcionan información importante para la optimización de las estrategias de conservación de abejas en sistemas de manejo alternativo de insectos plaga.

La mejorana es una planta de la región del Mediterráneo, conocida por sus usos medicinales. Los principales constituyentes del aceite de mejorana son sabineno, alpha terpineno, gamma terpineno, cimeno, terpinoleno, linalol, hidrato sabineno, acetato de linalyl, terpineol y gamma terpineol. El extracto vegetal de mejorana redujo la sobrevivencia de las operarias de *A. mellifera* en todos los bioensayos realizados. El extracto de mejorana causó modificaciones morfométricas, disminuyendo el tamaño de las células del mesenterón de *A. mellifera*, pero no causó alteraciones morfológicas (Silva, 2014).

Así como el extracto de mejorana, el extracto vegetal de granada también promovió alteraciones en el tamaño de las células del mesenterón de *A. mellifera* (Silva, 2014). La granada es originaria de Asia y diseminada en toda la región del Mediterráneo, siendo cultivada en casi todo el mundo, incluso en Brasil (LORENZI & MATOS, 2008). Los componentes principales activos presentes en la granada son los taninos (sustancias polifenólicas) y los alcaloides, sustancias con acción antimicrobiana (PEREIRA *et al.*, 2005). Pande & Akoh (2009) evaluaron la capacidad antioxidante y el perfil lipídico de la granada, y encontraron mayor concentración de taninos hidrolizables en la cáscara. En general, la capacidad antioxidante fue encontrada en las hojas, seguido de la cáscara, pulpa y semillas. Gandhi *et al.* (2010) prepararon polvos de hojas de granada para evaluar el efecto insecticida sobre el escarabajo *Tribolium castaneum* (Coleoptera: Tenebrionidae), y observaron un alto nivel de eficiencia en la dosis de 1 gramo causando en promedio 82% de mortalidad.

ACTIVIDAD REPELENTE DE ACEITES ESENCIALES EN ABEJAS

A pesar de los beneficios proporcionados por las abejas al ser humano, la preocupación con accidentes está asociada con la frecuencia de los enjambres, que ocurren de tres a cuatro veces por año (DINIZ, 1990), y a la variedad de refugios en áreas urbanas. Tales refugios aumentan el contacto entre el insecto y la población humana. Situaciones de contacto directo normalmente ocurren cuando, inadvertidamente, las personas manipulan las áreas próximas o los locales donde están situados los refugios, arrojan objetos y aplican productos químicos, intentan remover o destruir los refugios sin protección adecuada, o algún contacto eventual con un único insecto. Las abejas africanizadas se caracterizan por ser muy agresivas y atacar sus victimas en enjambres, inoculando gran cantidad de veneno.

Durante el proceso de defensa de las abejas con aguijón, las operarias inyectan el veneno utilizando el aguijón, que queda inserido en la víctima junto con las vísceras y la glándula de veneno, garantizando mayor dosis inyectada y aumentando la eficiencia de la acción defensiva. Ese proceso de pérdida del aguijón y de las partes adheridas resulta en la muerte del insecto, que solo pica una vez. Los individuos de las especies que no poseen aguijón o que tienen pocas agujas dentadas en sus aguijones, pueden picar sus víctimas más de una vez, ya que el aguijón puede ser retirado e introducido varias veces, como en las avispas, por ejemplo. Considerando los riesgos a la población humana y el gran número de accidentes que podrían evitarse, es de extrema importancia que sean desarrolladas investigaciones que prospecten encontrar sustancias repelentes.

Los aceites esenciales ocupan un lugar destacado en la industria de defensivos agrícolas, ya que presentan propiedades fungicidas e insecticidas contra plagas que causan prejuicios a los agricultores, conllevando pérdidas de productividad y calidad de los cultivos (SIMÕES *et al*, 2004). Fávero (2014) evaluó la acción repelente de aceites esenciales de romero (*Rosmarinus officinalis*), limoncillo (*Cymbopogon citratus*), tomillo (*Thymus vulgaris*), cedro (*Juniperus virginiana*), clavo (*Syzygium aromaticum*) y menta piperita (*Mentha piperita*) sobre operarias de *A. mellifera*, en ensayos de semi-campo y ensayos de agresividad.

Dentro de los compuestos evaluados en el estudio de Fávero (2014), los aceites esenciales de limoncillo, menta piperita y clavo presentaron el mayor efecto repelente, inhibiendo casi completamente la visita de las abejas a los alimentadores tratados. El aceite esencial del cedro fue el compuesto que mostró menor efecto repelente, mientras que los demás aceites evaluados presentaron repelencia satisfactoria, que se tornaba cada vez menos eficaz en el transcurso del tiempo. En los ensayos a posteriori, el aceite esencial de limoncillo ocasionó menor agresividad de las abejas con respecto al control, lo que puede confirmar el poder repelente de este compuesto. De esta forma, según los resultados obtenidos por Fávero (2014), el limoncillo presenta más potencial para el desarrollo de formulaciones repelentes para abejas africanizadas.

REFERENCIAS

ABRAMSON, C. I.; WANDERLEY, P. A.; WANDERLEY, M. J. A.; MINA, A. J. S.; SOUZA, O. B. Effect of essential oil from citronella and alfazema on fennel aphids Hyadaphis foeniculi Passerini (Hemiptera: Aphididae) and its predator Cycloneda sanguinea L. (Coleoptera: Coccinelidae). American Journal of Environmental Sciences, v. 3, p. 9-10, 2006.

ALMEIDA, A.A. de. Preparados homeopáticos no controle de *Spodoptera frugiperda* (J.E. Smith, 1797) (Lepidoptera: Noctuidae) em milho. Dissertação (Mestrado em Fitotecnia) Universidade Federal de Viçosa, Viçosa, MG. 54f. 2003.

ARAÚJO FILHO, R. **Introdução à pecuária ecológica**: a arte e a ciência de criar animais sem drogas ou venenos. Porto Alegre: São José, 2000. 136p.

ARENALES, M.C.; ROSSI, F. **Produção orgânica de carne bovina**. Viçosa: CPT, 2000. 158p.

BARBOSA NETO, R.M. **Bases da homeopatia. Campinas: Liga da Homeopatia**, Curso de Medicina da Universidade Estadual de Campinas, 2006. 71 p. Disponível em:<http://www.fcm.unicamp.br/homeopatia/biblioteca/BASESDAHOMEOPATIA.pdf> Acesso em: 5 de Agosto de 2013.

BARBOSA SILVA, A. Aspectos biológicos e toxicidade de produtos de origem vegetal a *Euborellia annulipes*. **Tese** (Doutorado em Agronomia) - Universidade Federal da Paraíba – UFPB, Areia – PB. 2009.

BASTOS, C. N.; SILVA, D. H. M. M.; MAIA, J. G. S. Atividade bactericida e composição de óleos essenciais de *Piper spp*. **Documentos IAC**, Campinas, 74p., 2003.

BOIÇA JUNIOR, A. L.; SILVA, A. J.; BOTTEGA, D. B.; RODRIGUES, N. E. L.; SOUZA, B. H. S.; PEIXOTO, M. L.; SOUZA, J. R. Resistências de plantas e o uso de produtos naturais como táticas de controle no manejo integrado de pragas. In: BUSOLI, A. C.; FRAGA, D. F.; SANTOS, L. C.; ALENCAR, J. R. D. C. C.; GRIGOLLI, J. F. J.; JANINI, J. C.; SOUZA, L. A.; VIANA, M. A.; FUNICHELO, M. **Tópicos em Entomologia agrícola – IV**. Jaboticabal-SP, p. 139-158, 2011.

BENEZ, S.M. **Manual de Homeopatia Veterinária**. São Paulo: Robe Editorial, 2002, 594p.

BITENCOURT, D.P.; BONATO, C.M. **Homeopatia simples aplicada na educação ambiental**. Secretaria Estadual de Educação do Paraná e Departamento de Biologia – Laboratório de Homeopatia. Peabiru, 2008. 26p.

BONATO, C.M. Homeopatia em Modelos Vegetais. **Cultura Homeopática**, São Paulo, p.24-28, n.21, 2007.

BONATO, C.M. Homeopatia na agricultura. In: ENCONTRO BRASILEIRO DE HOMEOPATIA NA AGRICULTURA, 1., 2009, Campo Grande – MS. **Resumos**... 14p.

BETTI, L.; LAZZARATO, L; TREBBI, G., NANI, D. The potential and need for homeopathy research in horticulture and agriculture. In: **Proceeding of the International Conference "Improving the Success of Homeopathy: a Global Perspective"**. London, pp 64–68. 2006.

BOUDA, H.; TAPONDJOU, L. A.; FONTEM, D. A.; GUMEDZOE, M. Y. D. Effect of essential oils from leaves of *Ageratum co-nyzoides*, *Lantana camara* and *Chromolaena odorataon* the mortality of *Sitophilus zeamais* (Coleoptera: Curculionidae). **Journal of Stored Products Research**, v. 37, p. 103-109, 2001.

BRASIL. Instrução normativa n o 7, de 17 de maio de 1999. Dispõe sobre as normas para a produção de produtos orgânicos vegetais e animais. Diário Oficial da República Federal do Brasil, Brasília, v.99, n.94, p.11-14, 19 de maio de 1999.

BRUNINI, C; SAMPAIO, C. **Matéria médica homeopática**. IBEHE. São Paulo: Mythos 2. 200p. 1993.

CÂMARA, F.L.A. Controlando pragas e doenças com homeopatia, na agricultura orgânica. **Horticultura brasileira**, Brasília, v.28, n. 2, p.16-21, 2010.

CARVALHO, R. A.; LACERDA, J. T.; OLIVEIRA, E. F.; SANTOS, E. S. **Extratos de plantas medicinais como estratégia para controle de doenças fúngicas do inhame do Nordeste**. EMEPA-PB, João Pessoa, 10p., 2002.

CAVALCANTE, Giani M. MOREIRA, Albert F. C. VASCONCELOS, Simão D. Potencialidade inseticida de extratos aquosos de essências florestais sobre mosca-branca. **Pesquisa Agropecuaria Brasileira**, Brasília, v.41, n.1, p.9-14, jan. 2006.

CHAGAS, A. C. S.; PASSOS, W. M.; PRATES, H. T.; LEITE, R. C.; FURLONG, J. Efeito acaricida de óleos essenciais e concentrados emulsionáveis de *Eucalyptus spp* em *Boophilus microplus*. **Brasilian Journal of Veterinary Research and Animal Science**, v. 39, p. 247-253, 2002.

CLOYD, R. Natural indeed: Are natural insecticide safer and better then conventional insecticide? **Illinois Pesticide Review**, v. 17, p. 1-3, 2004.

CLOYD, R. A.; GALLE, C. L.; KEITII, S. R.; KALSCIIEUR, N. A.; KEMP, K.E. Effect os commercially available plant-derived essential oil products on arthropod pests. *Horticultural Entomology, v.* 102, p. 1567-1579, 2009.

CORREA, M. P.; PENNA, L. A. Dicionário das plantas úteis do Brasil e das exóticas cultivadas. **Instituto Brasileiro de Desenvolvimento Florestal**. Rio de Janeiro. 138 p. 1984.

COSTA, J. P. da; BELO, M.; BARBOSA, J. C. Efeito de espécies de timbó (*Derris spp.*: Fabaceae) em populações de *Musca domestica* L. **Annais da Sociedade Entomológica do Brasil**, v. 26, p. 163-168, 1997.

COX, C. Pyrehrins/Pyrethrum. **Journal of Pesticide Reform**, v. 22, p. 14-20, 2002.

COUDRIET, D. L; PRABHAKER, N.; MEYERDIRK, D. E. Sweetpotato whitefly (Homoptera: Alevrodidae): Effects of neem-seed extract on oviposition and immature stages. **Environmental Entomology**, v. 14, p. 776-779, 1985.

CROWDER, D.W; NORTHFIELD, T.D.; STRAND, M.R.; SNYDER, W.E. Organic agriculture promotes evenness and natural pest control. **Nature**, v.466, p 109-112, jul. 2010.

CUBILLO, D.; QUIJIJER, R.; LARRIVA, W.; CHACÓN, A.; HILJE, L. Ebaluacion de la repelência de varias substancias sobre la mosca blanca *Bemisia tabaci* (Homoptera: Aleyrodidae). **Manejo Integrado de Plagas**, v. 33, p. 26-28, 1994.

DAVIDSON, W.M. Insecticidal tests with oils and alkaloids of Larkspur (*Delphinium consolida*) and Stavesacre (*Delphinium staphisagria*). **Journal of Economic Entomology**, v. 22, n. 1, p. 226-234. 1929.

DEMISSIE, G.; TESHOME, A.; ABAKEMAL, D.; TADESSE, A. Cooking oils and "Triplex" in the control of *Sitophilus zeamais* Motschulsky (Coleoptera: Curculionidae). ***Journal of Stored Products* Research**, v. 44, p. 173-178, 2008.

DINIZ, N. M. **Estudo dos processos de enxameagem e de abandono de colônias de abelhas africanizadas em zonas rurais e urbanas** [Tese]. Ribeirão Preto: Faculdade de Medicina de Ribeirão Preto; 1990.

EFROM, Caio F. S. **Criação de *Anastrepha fraterculus* (Wied.) (Diptera: Tephritidae) em dietas artificiais e avaliação de produtos fitossanitários utilizados no sistema orgânico de produção sobre esta espécie e insetos benéficos**. Tese de Doutorado em Fitotecnia, Faculdade de Agronomia, Universidade Federal do Rio Grande do Sul, Porto Alegre. Agosto, p.89, 2009.

FÁVERO, Rafael. Estudo de repelência com diversos produtos de origem natural em operárias de Apis mellifera em semi-campo. 2014.

FAZOLIN, M.; ESTRELA, J. L. V.; ARGOLO, V. M. Utilização de medicamentos homeopáticos no controle de *Cerotoma tingomariannus* Bechyné (Coleoptera, Chrysomelidae) em Rio branco, Acre. 2000.

FAZOLIN, Murilo; ESTRELA, Joelma L. V.; LIMA, Aldair P. de; ARGOLO, Valdirene M. 2002. Evaluation of plants with insecticide to control the cow-the-bean. Rio Branco: EMBRAPA-CPAFAC, 42p (Boletim de Pesquisa e Desenvolvimento, 37).

FHB - **Farmacopeia Homeopática Brasileira**. Brasília, 3.ed. 364p. 2011.

FIGUEIRA, G. M.; DUARTE, M. C. T.; SILVA, C. A. L.; DELARMELINA, C. Atividade antimicrobiana do extrato e do óleo essencial de *Piper spp* cultivadas na coleção de germoplamas do CPQBA – Unicamp, **Horticultura Brasileira**, Campinas, v. 21, n. 2, 403p., 2003.

FIGUEIREDO, W. R. S.; OLIVEIRA, F. Q. de.; OLIVEIRA, R. de.; BATISTA, J. L.; BRITO, C. H. Bioactivity of oil from *Croton grewioides* on the control of mediterranean fruit fly. Engenharia Ambiental, v. 7, n. 4, 2010.

FONSECA, M. F & WILKINSON, J. As Oportunidades e os Desafios da Agricultura Orgânica. p. 249 a 280. In: LIMA, D. M. de A.; WILKINSON, J. **Inovação nas Tradições da agricultura familiar.** Brasília: CNPq / Paralelo 15, 2002. 400p.

FREITAS, D. G. F.; KHAN, A. S.; SILVA, L. M. R. Nível tecnológico e rentabilidade de produção de mel de abelha (*Apis mellifera*) no Ceará Rev. Econ. Sociol. Rural vol.42 no.1 Brasília Jan./Mar. 2004.

GALLO, D.; NAKANO, O.; NETO, S. S.; CARVALHO, R. P. L.; BAPTISTA, G. S.; FILHO, E. B.; PARRA, J. R. P.; ZUCCHI, R. A.; ALVES, S. B.; VENDRAMIM, J. D.; MARCHINI, L. C.; LOPES, J. R. S.; OMOTO, C. Entomologia Agrícola. Piracicaba: FEALQ, 2002. 920p.

GANDHI, Nirjara; PILLAI, Sujatha; PATEL, Prabhudas. Efficacy of pulverized *Punica granatum* (Lythraceae) and *Murraya koenigii* (Rutaceae) leaves against stored grain pest *Tribolium castaneum* (Coleoptera: Tenebrionidae). **International Journal of Agriculture & Biology**, v. 12, p. 616–620, 2010.

GIESEL, A.; BOFF, M. I. C.; BOFF, P. Estudo comportamental da formiga cortadeira *Acromyrmex spp.* submetida a preparados homeopáticos. **Revista Brasileira de Agroecologia**, v. 2, n. 2, p. 1259-1262, 2007.

GLIESSMAN, S. R. **Agroecology: the ecologys of sustainable food systems.** 2nd ed. [*S.l.*]: CRC Press, Taylor & Francis Group, 384 p.

GOMEZ, P.; CUBILLO, D.; MORA, G. A.; HILJE, L. Evaluación de possibles repelentes de *Bemisia tabaci* I. Productos comerciales. **Manejo Integrado de Plagas**, v. 46, p. 9-16, 1997.

GONÇALVES, P. A. S.; BOFF, P.; BOFF, M. I. C. Preparados homeopáticos de calcário de conchas no manejo de tripes *Thrips tabaci* Lind., e relação com a produtividade de cebola em sistema orgânico. **Revista Brasileira de Agroecologia**, v. 4, n. 2, p. 228-230, 2009.

GUERRA, M. S. **Receituário caseiro: alternativas para o controle de pragas e doenças de plantas cultivadas e seus produtos.** Brasília, EMBRATER, 166p., 1985

HAMLY, E.C. **A arte de curar pela homeopatia**. 1. ed. São Paulo: Roca, 1982. 113p

HUANG, Y.; HO, S. H.; KINI, R. M. Bioactivities of safrole and isosafrole on *Sitophilus zeamais* (Coleoptera: Curculionidae) and *Tribolium castaneum* (Coleoptera: Tenebrionidae). *Journal* of *Stored Products* Research, v. 92, p. 676-683, 1999.

HUANG, Y.; LAM, S. L.; HO, S. H. Bioactivies ofessential oil from *Ellateria cardamomum* (L.) Maton. to *Sitophilus zeamais* Motschulsky and *Tribolium castaneum* (Herbst). *Journal* of *Stored Products* Research, v. 36, p. 107-117, 2000.

ISMAN, M. B. Botanical insecticides, deterrents, and repellents in modern agriculture and an increasingly regulated world. **Annual Review of Entomology**, n. 51, p. 45-66, 2006.

ISMAN, M. B. Plant essential oils for pest and disease management. **Crop Protection**, v. 19, p. 603-8, 2000.

ISMAN, M.B. Botanical insecticides, deterrents, and repellents in modern agriculture and an increasingly regulated world. **Annual Review of Entomology**, [*s.l.*], v. 51, p. 45–66, 2006.

JACOBSEN, S.K.; MORAES, G.J.; SØRENSEN, H.; SIGSGAARD, L. Organic cropping practice decreases pest abundance and positively influences predator-prey interactions. **Agriculture, Ecosystems and Environment**, v.272, p 1-9. 2019.

JACOBSON, M. Botanical pesticides: past, present and future. In: ANARSON, J.T.; PHILOCENE, B. J. R.; MORAND, P. (Eds.). Insticides of plant origin. Washington: **America Chemical Society**, p. 1-10, 1989.

JÄGER, T. *et al*. Use of homeopathic preparations in experimental studies with abiotically stressed plants. **Homeopathy**, v.100, p.275-287. 2011.

JOHANSEN C. A., D. F. MAYER, J. D. EVES AND C. W. KIOUS. 1983. Pesticides and bees. **Environmental Entomology**. Pages 1513–1518,
https://doi.org/10.1093/ee/12.5.1513

JUNIOR, A.A SILVA. Essentia herba – Plantas bioativas. Florianópolis: Epagri, v.1. 2003. 441 p.

KARR, L. L.; COATS, J. R. Insecticidal properties of d-limonene. Journal of *Pesticide Science*, v. 13, p. 287-289, 1988.

KRAUSS, J.; GALLENBERGER, I.; STEFFAN-DEWENTER, I. Decreased functional and biological pest control in conventional compared to organic crop fields. **PLoS ONE**, v.6, n.5, p.1-9. 2011.

LEE, S. E.; LEE, B. H.; SHOI, W. S.; PARK, B. S.; KIM, J. G.; CAMPBEL, B. C. Fumigant toxicity of volatile natural products from Korean spicies and medicinal plants towards the rice weevil, *Sitophilus oryzae* (L.). *Pest Management Science*, v. 57, p. 548-553, 2001.

LEWIS, W. J.; MARTIN JR, W. R. Semiochemicals for use with parasitoids: status and future. Journal of Chemical Ecology, v. 16, p. 3067-3089, 1990.

LIMA, R. K.; CARDOSO, M. G.; MORAES, J. C.; ANDRADE, M. A.; MELO, B. A.; RODRIGUES, V. G. Caracterização química e atividade inseticida do óleo essencial de *Ageratum conyzoides* L. sobre a lagarta-do-cartucho do milho *Spodoptera frugiperda* (Smith, 1797) (Lepidoptera: Noctuidae). **Bioscience Jorna.**, v. 26, n. 1, p. 1-5, 2010.

LOOS, R.A. Preparados homeopáticos visando o controle de podridão apical, traça e broca pequena do tomateiro. Tese (doutorado em Fitotecnia) – Universidade Federal de Viçosa, Viçosa, MG. 98f. 2006.

LOPES, E. B.; BRITO, C. H. DE; BRITO, L. M. P.; ALBUQUERQUE, I. C.; BATISTA, J. L. Efeito do óleo de laranja no controle do pulgão da erva-doce. **Engenharia Ambiental**, v. 6, n. 2, p. 636-643, 2009.

LORENZI, Harri; MATOS, F.J.Abreu. **Plantas Medicinais no Brasil: Nativas e Exóticas**, 2 ed., p.350-351. São Paulo, 2008.

MAIRESSE, L. A. S. Avaliação da bioatividade de extratos de espécies vegetais, enquanto excipientes de aleloquímicos. **Tese** (Doutorado em Agronomia). Santa Maria: UFSM, 2005, 329p.

MAJEWSKY, V.; ARLT, S.; SHAH, D.; SCHERR, C.; JAGER, T.; BETTI, L.; TREBBI, G.; BONAMIN, L.; KLOCKE, P.; BAUMGARTNER, S. Use of homeopathic preparations in experimental studies with healthy plants. **Homeopathy**, v. 98, n. 4, p. 228-243, 2009.

MALERBO-SOUZA, D. T; NOGUEIRA-COUTO R. H.; COUTO L. de A.; SOUZA, J. C. 2003. Atrativos para abelhas *Apis mellifera* e polinização em laranja (*Citrus sinensis* L. Osbeck, var. Pêra-Rio). Brazilian Journal of Veterinary Research and Animal Science. v. 40, pp. 272-278.

MAPELI, N. C. *et al.* Influência de preparados homeopáticos na taxa de imigração e crescimento da colônia de pulgões (*Brevicoryne brassicae* (L.)) em plantas de couve. **Horticultura Brasileira**. Botucatu, v. 22, n. 2, p. 481-481. 2004.

MARTINEZ, S. S.; VAN EMDEN, H. F. Growth disruption, abnormalities and mortality of *Spodoptera littoralis* (Boisduval) (Lepidoptera: Noctuidae) caused by azadirachtin. **Neotropical Entomology**, v. 30, p. 113-124, 2001.

MARTINEZ, S. S. O nim, *Azadiractha indica* – **Natureza, usos múltiplos, produção**. IAPAR, Londrina. 142p.; 2002.

MAZZONETTO, F.; VENDRAMIM, J. D. Efeito de pós de origem vegetal sobre *Acanthoscelides obtectus* (Say) (Coleoptera: Bruchidae) em feijão armazenado. **Neotropical Entomology**, v. 32, p. 145-149, 2003.

MIKAMI, A.Y.; POMARI-FERNANDES, A.; BORTOLOTTO, O.C.; SILVA, G.V.; BUENO, A.D.F. Seleção de óleos essenciais repelentes à predadores e seletivos ao parasitoide Telenomus podisi (Hymenoptera: Platygastridae). In Embrapa Soja-Resumo em anais de congresso (ALICE). In: CONGRESSO BRASILEIRO DE ENTOMOLOGIA, 25., 2014, Goiânia. Entomologia integrada à sociedade para o desenvolvimento sustentável: anais.[Londrina]: SEB, 2014.

MORAES, S. M.; CAVALCANTI, E. S. B.; BERTINI, L. M.; OLIVEIRA, C. L. L.; RODRIGUES, J. R. B.; CARDOSO, J. H. L. Larvicidal activity of essential oils from brazilian Croton species against *Aedes aegypti*. **Journal of the American Mosquito Control Association**, v. 22, n. 1, p. 161–164, 2006

MORAIS, L. A. S. Óleos essenciais no controle fitossanitário. In: BETTIOL, W.;
MORANDI, M. A. B. **Biocontrole de doenças de plantas**: uso e perspectiva. Jaguariúna:
Empraba Meio Ambiente, p. 139-152, 2009.

MORANDIM, A. A.; NAVICKIENE, H. M. D.; REGASINI, L. O.; CORDON, T.; FERRI,
A. F. Constituição e atividade antifungica dos óleos essenciais das folhas e caules de *Piper
aduncum* L, *P. arboreum* Aublet e *P. tuberculatum* Jaca e dos frutos de *P. aduncum* L. e *P.
tuberculatum* Jacq. **Documentos – IAC**, Campinas, 74p., 2003.

MOREIRA, M. D. Isolamento, identificação e atividade inseticida de constituíntes

químicos de *Ageratum conyzoides*. **Dissertação** (Mestrado em Entomologia) - Viçosa, UFV,
60p., 2002.

MOREIRA, M. D.; PICANÇO, M. C.; BARBOSA, L. C. de A.; GUEDES, R. N. C.; SILVA,
E. M. da. Toxicity of leaf extracts of *Ageratum conyzoides* to Lepidoptera pests of
horticultural crops. **Biological Agriculture and Horticulture**, v. 2, p. 251-260, 2004.

MURRAY, B. **Biological terrain assessment**: Why animals get sick Disponível em:
http://www.acresusa.com,>Acesso em: 13 de Agosto de 2013.

NARDO, E. A. B, de; COSTA, A. S.; LOURENÇÃO, A. L. Melia azedarach extract as na
antifeedant to *Bemisia tabaci* (Homoptera: Aleyrodidae). **Florida Entomologist**, v. 80, p.
92-94, 1997.

NERIO, L. S.; OLIVERO-VERBEL, J.; STASHENKO, E. Repellent activity of essential
oils: a revie. **Bioresource Technology**, v. 101, p. 372-378, 2010.

OLIVEIRA, M. M.; GOLDFARB, A. C.; OLIVEIRA, E. C. S. Efeitos dos extratos etanólicos
de *Piper sp* (piperácea) e *Camelia sinensis* sobre o inseto praga *Sitophilus zeamais*
(Coléoptero: Curculionoidae). In: Reunião Anual da SBPC, 47, **São Luis: Anais...**, 478p.,
1995.

OLIVEIRA, F. Q. de.; BATISTA, J. L.; MALAQUIAS, J. B.; ALMEIDA, D. M.;
OLIVEIRA, R. de. Determination of the median lethal concentration (LC50) of
mycoinsecticides for the control of *Ceratitis capitata* (Diptera: Tephritidae). **Revista
Colombiana de Entomología**, v. 36, n. 2, p. 213-216, 2010.

OLIVEIRA, F. Q. Tecnologia alternativa no controle de *Ceratitis capitata* e sua implicação na qualidade de frutos de *Spondias purpurea*. **Dissertação** (Mestrado em Ciência e Tecnologia Ambiental). Universidade Estadual da Paraíba - UEPB, Campina Grande, PB. 2011, 62p.

OLIVEIRA, F. Q. Associação de variedades de goiaba, bioinseticidas e o parasitóide *Diachasmimorpha longicaudata* no controle de *Anastrepha fraterculus*. **Tese** (Doutorado em em Agronomia - Produção Vegetal) - Faculdade de Ciências Agrárias e Veterinárias – Unesp, Câmpus de Jaboticabal. 2014.

PANDE G.; AKOH C.C. Antioxidant capacity and lipid characterization of six Georgiagrown pomegranate cultivars. **Journal of Agricultural and Food Chemistry**, v.57, n.20, p.9427-9436, 2009.

PEREIRA, Jozinete V.; PEREIRA, Maria do S. V.; HIGINO, Jane S.; ALVES, Pollianna M.; ARAÚJO, Cristina R. F. Estudos com o extrato da *Punica granatum* L. (romã): Efeito Antimicrobiano In Vitro e Avaliação Clínica de um Dentifrício sobre microrganismos do Biofilme Dental. **Revista Odonto Ciência** –Faculdade Odontologia/PUCRS, v. 20, n. 49, jul./set. 2005.

PEREIRA, A. C. R. L; OLIVEIRA, J. V. de; GONDIM JÚNIOR, M. G. C.; CÂMARA, C. A. G. da. Atividade inseticida de óleos essenciais e fixos sobre *Callosobruchus maculatus* (FABR., 1775) (Coleoptera: Bruchidae) em grãos de caupi [*Vigna nguiculata* (L.) Walp.]. **Ciência e Agrotecnologia**, v. 32, n. 3, p. 717-724, 2008.

PEREIRA, R. C. Seletividade de extratos botânicos às abelhas *Partamona helleri* e *Apis mellifera* / Renata Cunha Pereira. – Viçosa, MG, 2016.

PERES, L. E. P. Metabolismo secundário. **Supl. Rev. USP**, v.12, n.3, p. 5-32, 2002.

PRABHAKER, N.; TOSCANO, N. C.; HENNEBERRY, T. J. Evaluation of insecticide rotation and mixtures as resistance management strategies for *Bemisia argentifolii* (Homoptera: Aleyrodidae). **Journal of Economic Entomology**, v. 91, p. 820-826, 1998.

PRATES, H. T.; SANTOS, J. P. Óleos essenciais no controle de pragas de grãos armazenados, p. 443–461. In: LORINI, I.; MIIKE, L. H.; SCUSSEL, V. M. **Armazenagem de Grãos**. Campinas: IBG, 1000 p. 2000.

PRIMAVESI, A. M. **Manejo Ecológico de Pragas e Doenças.** 2ª ed. São Paulo: Expressão Popular, 2016.

RAJENDRAN, S.; SRIRANJINI, V. 2 Plant products as fumigants for stored-product insect control. *Journal of Stored Products* **Research**, v. 44, p. 126-135, 2008.

RAUBER, L.P.; BOFF, M.I.; SILVA, Z.; FERREIRA, A.; BOFF, P. Manejo de doenças e pragas da batateira pelo uso de preparados homeopáticos e variabilidade genética. **Revista Brasileira de Agroecologia**, v. 2, n. 2, p. 1008-1011, 2007.

REINHART. V.E. Zur nutzen-risiko-relation homoopathischer tierarzneimittel. **Tierarztliche umschau**, n.48, p.778-796, 1993,

RESTELLO, R. M.; MENEGATT, C.; MOSSI, A. J. Efeito do óleo essencial de *Tagetes patula* L. (Asteraceae) sobre *Sitophilus zeamais* Motschulsky (Coleoptera, Curculionidae). **Revista Brasileira de Entomologia**, v. 53, n. 2, p. 304–307, 2009.

REZENDE, J.M.. **Cartilha de Homeopatia**. Instruções Práticas Geradas por Agricultores sobre o Uso da Homeopatia no Meio Rural. Produtores Orgânicos da Região da Vertente do Caparaó. Viçosa – MG, 2003, 35p.

ROEL, A. R. Utilização de plantas com propriedades inseticidas: uma contribuição para o Desenvolvimento Rural Sustentável. **Revista Internacional de Desenvolvimento Local**, v. 2, p.43-50, 2001.

ROSSI, F.; AMBROSANO, E.J.; MELO, P.C.T.; GUIRADO, N.; MENDES, P.C.D. Experiências básicas de homeopatia em vegetais: Contribuição da pesquisa com vegetais para a consolidação da ciência homeopática. **Cultura Homeopática**, São Paulo, v.3, n.7, p.12-13, 2004.

ROSSI, F.; ARÉVALO, R.A.; AMBROSANO, E.J.; GUIRADO, N.; AMBROSANO, G.M.B.; MENDES, P.C.D.; MOTA, B.; ATZINGEN, E.M.M.V.; MENUZZO, M.M.; VARELLA, A.S. Aplicação de preparado homeopático no controle da tiririca em área agroecológica. **Revista Brasileira de Agroecologia**, Porto Alegre, v.2, n.2, p.870-873, 2007a.

ROSSI, F.; AZEVEDO FILHO, J.A.; MELO, P.C.T.; AMBROSANO, E.J.; GUIRADO, N.; SCHAMMASS, E.A. Cultivo orgânico de batata com aplicação de preparados homeopáticos. **Revista Brasileira de Agroecologia**, Porto Alegre, v.2, n.2, p.937-940, 2007b.

RUPP, L.C.D.; BOFF, M.I.C; BOFF, P.; GONÇALVES, P.A.S.; BOTTON, M. High dilution of *Staphysagria* and fruit fly biotherapic preparations to manage South American fruit fly, *Anastrepha fraterculus*, in organic peach orchards. **Biological Agriculture & Horticulture: An International Journal for Sustainable Production Systems**, v. 28 n.1, 41 – 48p. 2012.

SANTOS, J. H. R. dos; GADELHA, J. W. R.; CARVALHO, M. L.; PIMENTEL, J. V. F.; JÚLIO, P. V. M. R. **Controle alternativo de pragas e doenças.** Fortaleza, UFC, 216p., 1988.

SCOFIELD, A. Homeopathy and its potential role in agriculture, a critical review. **Biological Agriculture and Horticulture**, 1984.

SCHEMBRI, J. **Conheça a homeopatia**. 3.ed. Belo Horizonte: Rona, 1992. 268p.

SCHMUTTERER, H. Potential of azadirachtin-containing pesticides for integrated pest control in developing and industrialized countries. **Journal of Insect Physiology**, v. 34, p. 713-719, 1988.

SCHMUTTERER, H. Propreties and potencial of natural pesticides from the in tree, *Azadirachta indica*. **Annual Review of Entomology**, v. 35, p. 271-279, 1990.

SEFFRIN, R. C. A. S. Bioatividade de extratos vegetais sobre *Diabrotica speciosa* (Germar, 1824) (Coleoptera: Chrysomelidae). **Tese** (Doutorado em Agronomia). Universidade Federal de Santa Maria. Centro de Ciências Rurais. Programa de Pós-Graduação em Agronomia, RS, 2006. 83p.

SHAAYA, E.; KOSTJUKOVSKI, M.; EILBERG, J.; SUKPRAKARN, C. Plant oils as fumigants and contact insecticides for the control of stored-product insects. *Journal of Stored Products Research*, v. 33, p. 7-15. 1997.

SILVA, M. A. Avaliação do potencial inseticida de *Azadirachta indica* (Meliaceae) visando ao controle de moscas-das-frutas (Díptera: Tephitidae). **Dissertação** (Mestrado em Entomologia). Universidade de São Paulo – Escola Superior de Agricultura Luiz de Queiroz USP/ESALQ, 2010.

SILVA, R. C. P. A.; PEIXE, B. C. S. Estudo da Cadeia Produtiva do Mel no Contexto da Apicultura Paranaense – uma Contribuição para a Identificação de Políticas Públicas Prioritárias. **Secretaria de Estado a Agricultura e do Abastecimento.** Curitiba: SEAB, 2012.

Silva, R. T. L. Efeito de entomopatógenos e extratos vegetais sobre Apis mellifera L. (Hymenoptera: Apidae). – Dois Vizinhos: Dissertação (Mestrado) - Universidade Tecnológica Federal do Paraná. Programa de pós-graduação em Zootecnia. Dois Vizinhos, 2014.

SIMIONATTO, D. Ação de agentes de controle sobre *Apis mellifera* (Hymenoptera: Apidae), 2013, 37f. Trabalho de Conclusão de Curso – Bacharelado em Zootecnia, Universidade Tecnológica Federal do Paraná. Dois Vizinhos, 2013.

SIMÕES, C.M.O.; SCHENKEL, E.P.; GOSMANN, G.; MELLO, J.C.P.; MENTZ, L.A.; PETROVICK, P.R. Farmacognosia: da planta ao medicamento. 5 ed. Porto Alegre, RS: Ed. da UFSC, 2004.

SOUZA, J.L; RESENDE, P. **Manual de horticultura orgânica**. 3.ed. Viçosa, MG: Aprenda Fácil, 2011. 843p.

SUJII, E.R.; VENZON, M.; MEDEIROS, M.A; PIRES, C.S.S; TOGNI, P.H.B. Práticas culturais no manejo de pragas na agricultura orgânica. *In*: VENZON, M.; JUNIOR, T.J.P; PALLINI, A. (coord.) **Controle alternativo de pragas e doenças na agricultura orgânica.** Viçosa: EPAMIG, 2010, p. 143-168.

TEIXEIRA, M.Z.; CARNEIRO, S.M.T.P.G. Effects of homeopathic high dillutions on plants: literature review. **Revista de Homeopatia**, v.80, n.3/4, p.104-120. 2017.

TORRES, A. L. Efeito associado de variedades de repolho *Brassica oleracea* var. capitata e estratos aquosos de espécies vegetais na biologia de *Plutella xylostella* (L., 1758) e no parasitóide *Oomyzus sokolowskii* (Kurdjumov, 1912). **Tese** (Doutorado em Agronomia) –

Faculdade de Ciências Agrárias e Veterinárias, Universidade Estadual Paulista, Jaboticabal-SP, 2004, 88p.

XAVIER, V. M. Impacto de Inseticidas Botânicos sobre *Apis mellifera*, *Nannotrigona testaceicornis* e *Tetragonisca angustula* (Hymenoptera: Apidae). Dissertação de Mestrado. Viçosa: UFV. 2009. 43p. 2

VARGAS, T. **Avaliação da Qualidade do mel produzido na região dos Campos Gerais da Paraná. 2006.** 148f. Dissertação (Mestrado) - Universidade Estadual de Ponta Grossa, Ponta Grossa.

VÉRAS, S. M.; YUYAMA, K.; Controle da vassoura-de-bruxa do cupuaçuzeiro por meio de extrato de *Piper aduncum* L. In: Congresso Brasileiro de Defensivos Agrícolas Naturais. **Resumos.** Fortaleza, Brasil. 32p., 2000.

VENZON, Madelaine; JÚNIOR, Trazilbo, J. P.; PALLINI, Angelo. Controle alternativo de pragas e doenças: Uso de inseticidas botânicos no controle de pragas. Viçosa, Epamig, 2010.

VIEIRA, L. S. **Manual de medicina popular: a fitoterapia da Amazônia.** Faculdade de Ciências Agrárias do Pará. Belém. 248p. 1991.

VILANI, Andreia. **Atividade de Produtos Fitossanitarios Naturais sobre *Anticarsia gemmatalis* Hübner (Lepidoptera: Noctuidae), *Bacillus thuringiensis* subesp. kurstaki e Seletividade *Apis mellifera* L. (Hymenoptera: Apidae).** 2013. 87 f. Dissertação Mestrado. Pato Branco: UTFPR. 2013. 83p.

WEAVER, D. K.; DUNKEL, F. V.; POTTER, R. C.; NTEZURUBANZA, L. Contract and fumigant efficacy of powdered and intact *Ocimum canum* Sims (Lamiales: Lamia ceae) a gainst *Zabrotes subfasciatus* (Bohemann) adults (Coleoptera Bruchidae), **Journal of Stored Products Research**, v. 30, p. 243-252, 1994.

WIESBROOK, M.L. Natural indeed: are natural insecticides safer and better than conventional insecticides? Illinois Pesticide Review, Urbana, v.17, n.3, p.1 3, 2004.

WYSS, E.; TAMM, L.; SIEBENWIRTH, J.; BAUMGARTNER, S. Homeopathic preparations to control the rosy apple aphid (*Dysaphis plantaginea* Pass.). **The Scientific World**, v. 10, p. 38-48, 2010.

I want morebooks!

Buy your books fast and straightforward online - at one of world's fastest growing online book stores! Environmentally sound due to Print-on-Demand technologies.

Buy your books online at
www.morebooks.shop

¡Compre sus libros rápido y directo en internet, en una de las librerías en línea con mayor crecimiento en el mundo! Producción que protege el medio ambiente a través de las tecnologías de impresión bajo demanda.

Compre sus libros online en
www.morebooks.shop

KS OmniScriptum Publishing
Brivibas gatve 197
LV-1039 Riga, Latvia
Telefax: +371 686 204 55

info@omniscriptum.com
www.omniscriptum.com